Elia Zardoya
Bruno Sánchez
Asier Latorre

Building Information Modelling

AF320151

Elia Zardoya
Bruno Sánchez
Asier Latorre

Building Information Modelling

Plan empresarial para una Consultoría BIM: Un ejemplo práctico

Editorial Académica Española

Imprint
Any brand names and product names mentioned in this book are subject to trademark, brand or patent protection and are trademarks or registered trademarks of their respective holders. The use of brand names, product names, common names, trade names, product descriptions etc. even without a particular marking in this work is in no way to be construed to mean that such names may be regarded as unrestricted in respect of trademark and brand protection legislation and could thus be used by anyone.

Cover image: www.ingimage.com

Publisher:
Editorial Académica Española
is a trademark of
International Book Market Service Ltd., member of OmniScriptum Publishing Group
17 Meldrum Street, Beau Bassin 71504, Mauritius

Printed at: see last page
ISBN: 978-620-2-25949-1

Copyright © Elia Zardoya, Bruno Sánchez, Asier Latorre
Copyright © 2018 International Book Market Service Ltd., member of OmniScriptum Publishing Group
All rights reserved. Beau Bassin 2018

BUILDING INFORMATION MODELLING: UN PLAN EMPRESARIAL PARA UNA CONSULTORIA BIM – UN EJEMPLO PRÁCTICO

Bruno Sánchez Saiz-Ezquerra

Elia Zardoya Coloma

Asier Latorre Úriz

RESUMEN

El sector de la construcción en España sufre una profunda paralización de su actividad por la crisis económica global y por el pinchazo de la burbuja inmobiliaria desde el año 2007. Este sector se basa en un modelo productivo que apenas ha evolucionado aunque en muchos países ya han apostado por una metodología de trabajo focalizada en BIM (Modelado de la Información de la Construcción).

BIM consiste en crear, almacenar y gestionar la información de forma colaborativa, aumentando la eficiencia, eficacia y la productividad del Proceso Proyecto Construcción (PPC).

Este texto analiza la viabilidad empresarial de una consultoría técnica basada en la metodología BIM, para ofrecer los servicios de modelado tridimensional, direcciones técnicas de obra y asesoramiento a promotores, estudios de arquitectura y constructoras durante todo el ciclo de vida de una edificación (diseño, ejecución, explotación y derribo).

Palabras claves: BIM, Consultoría Técnica, Gestión de Proyecto, Construcción, Entornos colaborativos.

ABSTRACT

The Spanish construction industry has suffered a deep activity paralysis due to the global economic crisis and the bursting of the real estate bubble since 2007. This industry is based on a productive model that has hardly evolved, although in many Countries have already opted for a working methodology focused on BIM (Building Information Modelling).

BIM consists of creating, storing and managing information in a collaborative way, increasing efficiency, effectiveness and productivity in Construction Project Management.

This text analyzes the business viability of a technical consultancy based on BIM methodology, to offer three-dimensional modelling services and advise to clients/developers, construction consultants, architectural firms and construction companies throughout the building lifecycle (design, construction, operation and demolition).

Keywords: BIM, Technical Consulting, Project Management, Construction, Collaborative Environments.

INDICE

INDICE DE FIGURAS

INDICE DE TABLAS

LISTADO DE ACRÓNIMOS

AAPP: Administraciones Públicas

BIM: Building Information Modelling o Modelado de la Información de la Construcción

DAFO: Debilidades, Amenazas, Fortalezas y Oportunidades

IFC: Industry Foundation Class (Formato de datos de especificación abierta, que facilitan la interoperatividad entre programas del sector de la construcción)

INE: Instituto Nacional de Estadística

I+D+I: Investigación, Desarrollo e Innovación

LOD   Level of Detail (Nivel de detalle que requiere un modelo BIM)

LOE: Ley de Ordenación de la Edificación

PESTEL: Políticos, Económicos, Socioculturales, Tecnológicos, Ecológicos y Legales.

PPC: Proceso Proyecto-Construcción

SLNE   Sociedad Limitada Nueva Empresa

TIR: Tasa Interna de Retorno

VAN: Valor Actual Neto

1 INTRODUCCIÓN

La profunda crisis económica que ha sufrido España y especialmente, el sector de la construcción, ha hecho recapacitar sobre la manera en la que se desarrollan y gestionan el Proceso Proyecto Construcción (PPC). Desde hace ya más de 10 años, la tecnología Building Information Modelling (BIM) o, en español, Modelado de la Información de la Construcción está siendo implementado en todo el mundo. En España, el impacto de BIM es reciente (Fuentes, 2014). BIM aporta una manera innovadora de trabajar, caracterizada por la confianza, la relación entre las personas que constituyen el equipo y su filosofía de carácter colaborativo, en la que las distintas partes involucradas trabajan de una manera interactiva. BIM es un proceso que permite identificar, analizar, documentar y evaluar, mediante representaciones virtuales, las características físicas y funcionales de un Edificio que, durante la redacción del proyecto técnico y la construcción, se revisan iterativamente (CMAA, 2010, citado en Sánchez, 2017). BIM posibilita compartir los datos e información entre todos los agentes del proceso edificatorio y cualquier otro participante a lo largo de todo el ciclo de vida del edificio, aportando una plataforma de datos coherentes, estructurados e idóneos, que permite un proceso inteligente de toma de decisiones en base a información confiable en todas las fases del PPC (CIOB, 2014, citado en Sánchez 2017). La gestión de la información que posibilita implica grandes beneficios. Países como EE.UU, Finlandia, Noruega, Dinamarca o Singapur fueron pioneros en el desarrollo de normativas para implantar BIM. En 2011, Inglaterra creó la plataforma BIM Task Group (BIM Taks Group, 2017), que se ha convertido en el ejemplo a seguir para muchos países. En 2014, se publica en España la Guía de Usuarios BIM (BuildingSMART, 2017) para la elaboración efectiva de modelos BIM, que es una adaptación a la casuística española del COBIM finlandés (BuildingSMART Finland, 2017). Dentro de este contexto, el 14 de julio de 2015 el Ministerio de Fomento español anunció la creación de la Comisión de Implantación BIM (Ministerio de Fomento, 2015), con el fin de promover su uso en el ámbito profesional y docente, teniendo, entre otros, el objetivo de posicionar a España como referente a nivel mundial en el uso de BIM (esBIM, 2017). Se evidencia en los códigos de buenas prácticas de las principales asociaciones profesionales (AIA, 2013; CIOB, 2014; CMAA, 2010) que las técnicas colaborativas adquieren gran protagonismo como factor de mejora de la productividad en el sector, siendo BIM prioritaria (Latorre et al, 2016). Por ello, y debido a la falta de formación en este campo en España, se considera una ventaja competitiva en el sector la existencia de consultorías especializadas en BIM. El objetivo principal de este texto es analizar la viabilidad de implantación de una consultoría técnica BIM, de tamaño pequeño, que aporte un servicio de asistencia técnica BIM a promotores, proyectistas, direcciones facultativas y constructores, en el área geográfica de Navarra.

1.1 PRESENTACIÓN DEL PROBLEMA

El sector de la construcción ha sido uno de los principales motores de la economía en España, sobre todo en la década 1997-2007 (Fuentes, 2014). A partir de ahí, con la crisis económica y el pinchazo de la burbuja inmobiliaria, la producción del sector cayó en picado y, como consecuencia, la economía del país. A pesar de ser uno de los sectores más importantes de cualquier país desarrollado, son sustanciales las diferencias con el sector industrial, y apenas se ha innovado en las técnicas organizativas y de gestión.

La ley que regula el proceso de Edificación en España es la Ley de Ordenación de la Edificación (LOE) (Ley 38/1999) y, en ella, se consideran ocho agentes que intervienen en el proceso edificatorio:

- Promotor: Decide, impulsa, programa y financia la obra.
- Proyectista: Redacta el proyecto de ejecución
- Constructor/Empresa Constructora: Asume el compromiso de ejecutar la obra. Su representante en obra es el Jefe de Obra.
- Director de Obra: Dirige el desarrollo de la obra.
- Director de Ejecución de Obra: Dirige la ejecución material de la obra.
- Entidades y Laboratorios de Control de Calidad: Prestan asistencia técnica en la verificación de la calidad del proyecto de ejecución, de los materiales y de la obra ejecutada.
- Suministradores de productos: Fabricantes, almacenistas, importadores o vendedores de productos.
- Propietarios y Usuarios.

En el Código Técnico de la Edificación CTE (RD 314/2006) y en la LOE (Ley 38/1999) se identifican las siguientes fases en el proceso de Edificación: proyecto básico, proyecto de ejecución, ejecución, uso y mantenimiento.

Los distintos participantes en el PPC interactúan entre ellos compartiendo información significativa en forma de planos, memorias, actas de visitas de obra, anotaciones en el libro de órdenes, presupuestos y facturas. La gestión documental de la información del proyecto parte de una única fuente de documentación (el documento proyecto) y genera múltiples documentos durante todo el PPC. En el método convencional, no existe un repositorio común, accesible, donde se encuentre toda la información generada (Fuentes, 2014).

Toda esta diversidad de agentes e información dentro del PPC, plantea numerosos problemas en todas las fases del mismo. Como muestra de ello, se facilitan los resultados de una parte de la investigación empírica de la tesis doctoral de D. Bruno Sánchez, titulada *Gestión de Obras de Edificación: Un modelo para la integración de la Gestión de Proyecto mediante un Enfoque de Sistemas* (Sánchez, 2017). Esta investigación se realiza mediante una encuesta-cuestionario completado por más de 400 profesionales del sector (arquitectos, ingenieros, arquitectos técnicos y constructores).

Para la justificación de este análisis, se han seleccionado las preguntas donde se recaba la opinión con respecto a los problemas identificados que influyen en la gestión de las obras, la frecuencia con que se utilizan herramientas informáticas y, entre ellas, las de metodología BIM. Las preguntas son tipo batería de ítems con escala Likert de 5 puntos (1- Nunca. 2- Rara vez. 3- A veces.4- A menudo. 5 – Siempre) y con una sexta opción de NS/NC (No sabe/No Contesta), o NC (No Conoce). La selección de estas preguntas y los resultados estadísticos se facilitan en el ANEXO I.

Como resultados de la investigación empírica de Sánchez (2017), se puede concluir que los agentes que intervienen en el sector de la Edificación son conscientes de los muchos problemas de gestión que aparecen en todo el proceso y es reseñable la poca formación sobre herramientas informáticas más allá de las herramientas básicas como Ms Excel, Ms Project o Presto y el elevado desconocimiento y falta de utilización de herramientas BIM.

1.2 JUSTIFICACIÓN DE LA ELECCIÓN DEL PROYECTO

1.2.1 CONCEPTO DE BIM Y OPENBIM

La metodología BIM es un proceso de generación y gestión de datos del edificio durante todo su ciclo de vida (Candelario, Cordero y Reyes, 2016). Fuentes (2014) define esta metodología como compartir en vez de intercambiar. Se genera un único contenedor de la información del edificio proyectado en el que todos los agentes participantes puedan acceder, consultar y trabajar con la información del proyecto.

En el año 2005 se fundó la asociación buildingSMART, un consorcio de empresas estadounidenses que, junto a la empresa de software Autodesk desde 1994, estaban desarrollando un lenguaje común para todas las aplicaciones utilizadas en el sector de la construcción. Este formato abierto es el Industry Foundation Class (IFC), el estándar informático para la compartición e intercambio de datos que todo software BIM debe aceptar para promover los entornos colaborativos. A esta metodología de formato abierto se la considera openBIM y viene definida por la Norma ISO 16739:2013.

1.2.2 EL CONTEXTO DE BIM

Según buildingSMART (2017), durante la última década, la metodología BIM se ha implantado de forma progresiva en diferentes países (Figura 1) siendo, en algunos, objetivo prioritario por las AAPP para su uso en obras públicas, siguiendo la recomendación de la Directiva Europea de Contratación Pública 2014/24/UE.

Figura 1. Mapa de Implantación BIM 2016. (buildingSMART, 2017)

En el caso de España, en el año 2015 se creó la comisión BIM a través del Ministerio de Fomento. Este Ministerio ha promovido la creación de la iniciativa es.BIM con el fin de acelerar la implantación de la metodología BIM en España.

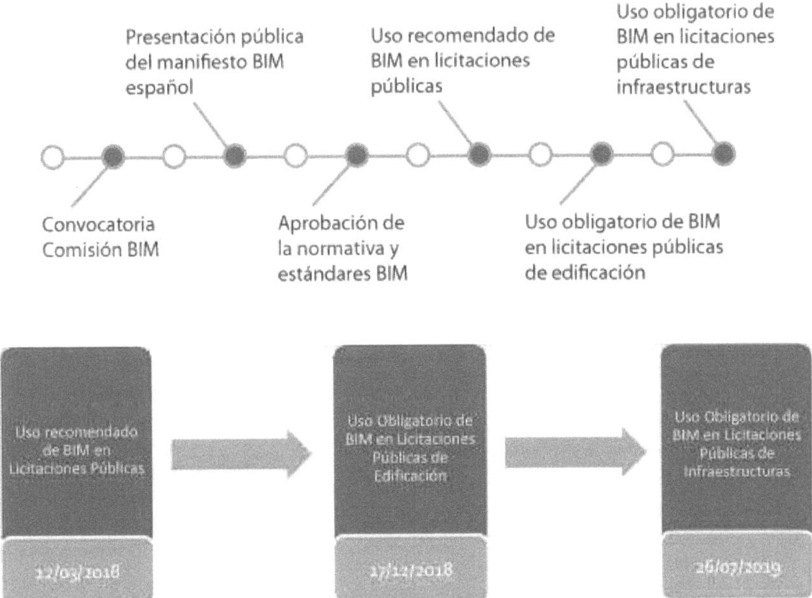

Figura 2. Hoja de Ruta para el BIM en España. (es.BIM, 2017)

1.2.3 ANÁLISIS COMPARATIVO: MÉTODO CONVENCIONAL Y ENTORNO BIM

Tabla 1. Comparación entre el Método Convencional y el Colaborativo BIM

FASE	MÉTODO CONVENCIONAL	MÉTODO COLABORATIVO BIM
DISEÑO	• Aislado o colaborativo compartimentado. Las distintas partes del proyecto (estructura, arquitectura e instalaciones) se realizan aisladamente por distintos profesionales y no hay comprobación conjunta de errores ni colisiones. • Basado en representación 2D del edificio • Información transmitida en papel o en ficheros digitales no editables (PDF). • Realización de mediciones de forma compartimentada de las distintas partes del proyecto (estructura, arquitectura e instalaciones).	• Colaboración eficaz y efectiva. • Integrador. • Compartición del modelo BIM 3D. Las distintas partes del proyecto (estructura, arquitectura e instalaciones) se realizan en programas informáticos BIM compatibles con IFC para unificar en un único modelo y comprobar las colisiones o errores. Se le denomina construcción virtual. • Incorporación al modelo de información de tiempos (4D), de costes (5D), ambiental (6D) y de mantenimiento (7D). • Realización de mediciones conjuntas precisas directamente a un programa de mediciones y presupuestos BIM.
LICITACIÓN	• Basada en coste a igual capacidad tecnológica. • Oferta de baja económica a la espera de adjudicación para modificaciones y precios contradictorios (partidas a ejecutar que no están en el proyecto inicial y hay que valorar). • Asunción del plazo de tiempo previsto en proyecto, incluso con oferta de disminución, sin apenas análisis de la viabilidad de la construcción.	• No existe. Se selecciona a la constructora por su capacidad tecnológica y aportación de valor y conocimiento sobre el PPC. • Integración en la fase de diseño. • Compartición de riesgos y beneficios con el promotor y el equipo de proyecto.
CONSTRUCCIÓN	• Segmentada. • Acumulativa. • Participación de numerosas pymes especializadas en su área de competencia, sin visualización de todo el proceso. • Ejecución en obra de errores de proyecto no corregidos. Esto implica retrasos en plazo y aumento de costes.	• Colaboración eficaz y efectiva de todos los agentes (proyectistas, constructora, subcontratas). • Análisis de la viabilidad del proceso constructivo. Simulaciones. • Agregación de valor al proceso. • Actualización en el modelo de información de tiempos (4D), de costes (5D), ambiental (6D) y desarrollo de mantenimiento (7D) (Ver Nota 1).
EXPLOTACIÓN	• Nuevo proceso de conocimiento y comprensión del edificio terminado. • Planificación del mantenimiento sin trazabilidad de información.	• Información completa del edificio terminado. • Trazabilidad de la toma de decisiones y modificaciones durante el PPC. • Acceso al modelo BIM y todo su contenido.
Ver Figura 3		Adaptación de Fuentes, 2014

Nota (1). En la fase de construcción, la visualización del proceso constructivo mediante simulación previa, y la integración del BIM 4D (Plazo), BIM 5D (Coste), BIM 6D (Sostenibilidad) y BIM 7D (Explotación) hacen que el alcance de la toma de decisiones abarque todo el ciclo de vida del edificio (Figura 3) y permita planificar y programar la obra virtualmente, como si de un ensayo general se tratase, conociendo con antelación problemas y situaciones no previstas sin la participación de estas simulaciones (Fuentes, 2014).

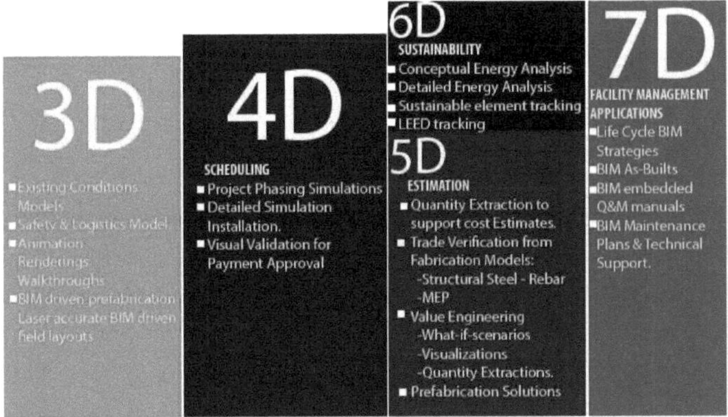

Figura 3. Dimensiones del BIM. (Latorre et al, 2016; Fuentes, 2014)
(Fuente: https://bimindia.files.wordpress.com/2014/01/bim_4d-7d.jpg)

1.3 IDEA DE NEGOCIO

La idea de negocio es la de iniciar la actividad para una consultoría técnica BIM en Pamplona (Navarra, España), basándose en aplicar los principios de la metodología BIM (Tabla 1) en el sector de la construcción y, más en concreto, en el subsector de la Edificación. Se considera que es una oportunidad de negocio ya que los autores de este texto, que se proponen como CEO de ZS Consultores, son Arquitectos Técnicos e Ingenieros de Edificación y, para la realización de muchos de los servicios que engloba BIM, es necesario estar colegiado en un Colegio Oficial de Aparejadores, Arquitectos Técnicos o Ingenieros de Edificación.

Para acotar el alcance, la consultoría BIM propuesta se dirige a un ámbito amplio, pero específico. Va a dirigirse a pequeños promotores, estudios de arquitectura y constructoras que, por su escaso conocimiento en BIM, si no subcontratan este tipo de servicios, no podrán intervenir en un corto plazo en licitaciones públicas por la obligatoriedad de su uso. Se excluye del alcance del negocio a grandes promotores y grandes y medianas constructoras, ya que se entiende que éstos tendrán los suficientes recursos como para la contratación propia de personal técnico cualificado en la metodología BIM.

1.3.1 MISIÓN, VISIÓN Y VALORES

1.3.1.1 MISIÓN

Según Coulter y Robbins (2010), la misión es la declaración del propósito de negocio de una empresa. En el caso de estudio de este proyecto empresarial, la misión que va a realizar esta consultoría es la de prestar servicio a sus clientes de asesoría técnica en todo el ciclo de vida de un edificio como un *BIM Manager*: actividad de asesoría para promotores, adecuación de proyectos de ejecución a esta metodología (modelado 3D, realización de mediciones y presupuestos, control de calidad, seguridad y salud), direcciones técnicas de obra, certificados de eficiencia energética, la labor de *Facility Manager* o la gestión del edificio en su etapa de explotación y la asesoría en proyectos de derribo.

1.3.1.2 VISIÓN

Según David (2003), la visión de una empresa responde a lo que quiere llegar a ser. Es la definición de qué posición estratégica quiere tener en el sector en el que ejerza su actividad empresarial. ZS Consultores quiere ser reconocida como la consultoría técnica BIM líder en Navarra por su calidad, buen hacer, compromiso con sus clientes y generación de confianza.

1.3.1.3 VALORES

Los valores empresariales son los principios con los que una organización se caracteriza a la hora de realizar su actividad. En el caso de la consultoría BIM éstos serán:

- Orientación al cliente: La prestación de servicios al cliente es la actividad principal y debe estar orientada a la satisfacción del mismo después del asesoramiento.
- Adaptabilidad: La gestión por proyectos debe tener un alto grado de adaptación a las necesidades del cliente ya que cada proyecto es único.
- Excelencia: La excelencia en el trabajo hará que se establezca un vínculo entre el profesional y el cliente basado en la confianza, el conocimiento y el trabajo bien hecho.

1.4 FORMULACIÓN DE OBJETIVOS

El presente texto tiene el objetivo general y los objetivos específicos identificados a continuación:

1.4.1 OBJETIVO GENERAL

Analizar la viabilidad empresarial de la consultoría BIM, a la que denominamos ZS Consultores, en todas sus vertientes para que pueda ser implantada en el mercado español.

1.4.2 OBJETIVOS ESPECÍFICOS

Como objetivos específicos se plantean los siguientes:

- Dar a conocer la metodología BIM al segmento de mercado objetivo de la empresa para la contratación de los servicios ofertados por la consultoría BIM.

- Liderar el mercado en Navarra mediante los servicios de asesoría BIM.
- Conseguir un proceso de gestión de la información excelente mediante los entornos colaborativos.
- Realizar una total adaptación de los servicios a las necesidades del cliente mediante un enfoque personalizado de calidad total.
- Realizar los servicios eficaz y eficientemente para conseguir el rendimiento positivo y sostenido de la empresa.

2 ANÁLISIS EXTERNO E INTERNO

En el proceso de viabilidad de una empresa, es muy importante el análisis de todos los factores que pueden influir en las decisiones estratégicas de la creación de una nueva empresa, como es el caso de este ejemplo práctico. Para que el análisis sea completo, se debe estudiar el análisis del macro-entorno o entorno genérico, el micro-entorno o entorno específico y un análisis interno de las capacidades que puede tener la empresa para su implantación en el mercado español.

2.1 ANÁLISIS DEL MACROENTORNO O ENTORNO GENÉRICO

El análisis del macro-entorno se realiza mediante el marco PESTEL, acrónimo de las iniciales de las seis categorías de variables macroeconómicas (Política, Económica, Sociocultural, Tecnológica, Ecológica y Legal). Esta herramienta permite identificar las variables del entorno que influyen en el desarrollo de la empresa como Oportunidades o Amenazas y cuyo grado de realización es incierto (Cadiat y Steffens, 2016).

Hay que definir los límites del entorno genérico mediante el carácter geográfico. Desde este punto de vista, se suelen distinguir el alcance Local, Nacional o Global (LoNG PESTEL) (Universidad Internacional de La Rioja, 2016). En el caso de este texto, el límite genérico va a ser nacional ya que, aunque inicialmente la empresa va a operar en Navarra, muchos de los factores a analizar en el marco PESTEL tienen influencia a nivel nacional.

2.1.1 FACTORES POLÍTICOS Y LEGALES

Cabe destacar que aparte de la situación de crisis que soporta el país, España vive desde hace muchos años en una democracia con estabilidad y una situación de libre comercio. En el ámbito político y legal, tanto el Gobierno de España como el Gobierno de Navarra han emprendido una serie de medidas de ayudas a la inversión en pymes industriales, ayudas al alquiler, a la compraventa de vivienda protegida, subvenciones en rehabilitación y reforma que estimule el sector. Un ejemplo de esto son las ayudas a la inversión de microempresas y pymes industriales en el plazo de 2016-2018, dedicadas entre otras muchas actividades a servicios técnicos de ingeniería y otras actividades relacionadas con el asesoramiento técnico. También se están convocando ayudas del Gobierno de Navarra para el empleo y formación en 2017 por valor de 14,7 millones de euros (Gobierno de Navarra, 2017).

Es importante reseñar que la Comunidad Autónoma de Navarra tiene un Convenio Económico especial con el Estado en el que se regula la autonomía fiscal y tributaria de la Comunidad foral y en el que se fija y objetiva el procedimiento para cuantificar la aportación al Estado. En el caso de Navarra el Impuesto de Sociedades será del 28%, el 23% para pequeñas empresas y el 19% para microempresas (Ley Foral 26/2016).

2.1.2 FACTORES ECONÓMICOS

Figura 4. Mapa de Desempleo Año 2016. (Clemente y Gutiérrez para El País, 2017)

DESEMPLEO:

España ha finalizado 2016 con una tasa de desempleo del 18,63% según la Encuesta de Población Activa (EPA) (INE, 2017a). Este dato es el nivel más bajo en siete años (máximo de 27,2% en 2013).

En el caso de Navarra, es la segunda provincia con menos paro (10,03%), por detrás de Guipúzcoa con 9,97% (Figura 4).

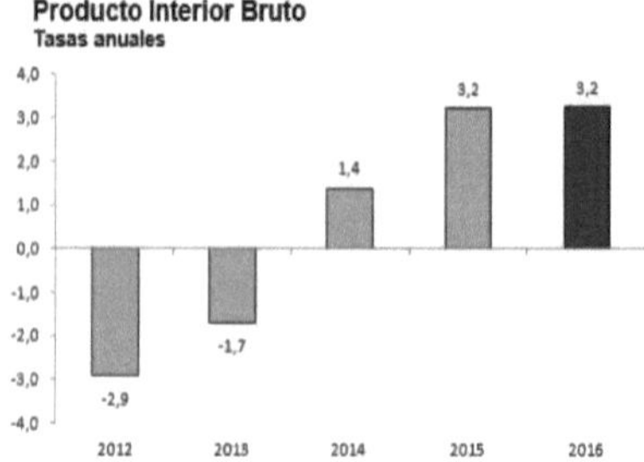

Figura 5. Tasas anuales PIB. (INE, 2017b)

PRODUCTO INTERIOR BRUTO:

La economía española está creciendo de forma constante. El crecimiento del PIB, con respecto al cuarto trimestre del año 2015, es del 3% y, con respecto al tercer trimestre del año 2016, es de un 3,2% (INE, 2017b). Cabe destacar que este crecimiento viene tanto de la demanda nacional como de la demanda exterior (Figura 5).

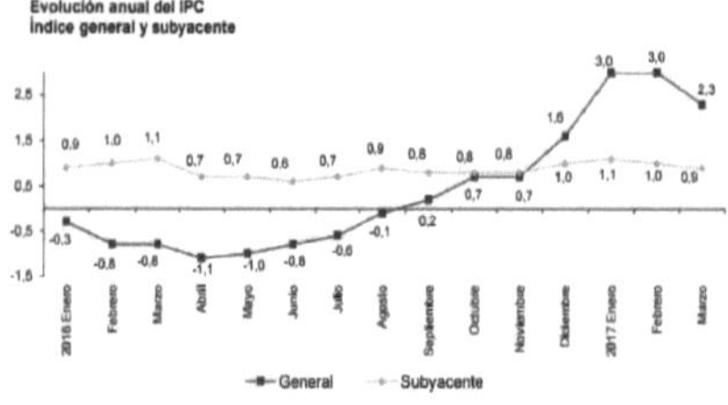

Figura 6. Evolución anual IPC.(INE, 2017c)

IPC-INFLACIÓN:

Los últimos datos que ha publicado el INE constatan una bajada de los precios tras una subida desde Abril de 2016. El IPC de marzo es del 2,3% (INE, 2017c). Las estimaciones prevén una subida de la inflación en 2017, lo que disminuirá el poder adquisitivo (Figura 6).

Los datos macroeconómicos demuestran que la economía española está mejorando, sobre todo en términos de bajada de desempleo como muestra el último dato reflejado por los datos del INE de Marzo 2017. Estos datos son muestra del empuje del sector servicios en concreto del turismo, un sector que está empleando a ex trabajadores de otros sectores como la construcción. Se estima que el año 2017 sea también de crecimiento, aunque más lento que en el año 2016. Lo que parece evidente es que ha de transcurrir un tiempo importante para volver a la situación económica que España tenía antes de la crisis que comenzó en 2007.

2.1.3 FACTORES SOCIO-CULTURALES

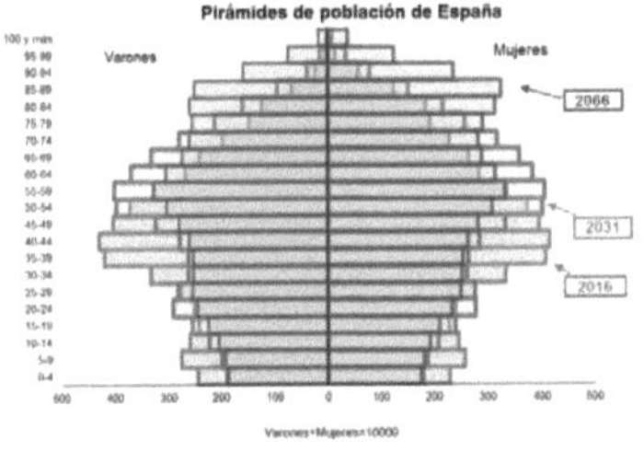

Figura 7. Pirámide de población en España.(INE, 2016)

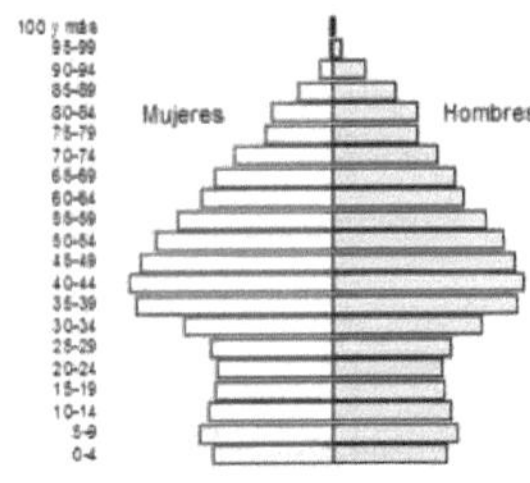

Figura 8. Pirámide de población en Navarra 2016. (Gobierno de Navarra, 2016)

Tal y como muestran las dos figuras anteriores (Figura 7 y 8) sobre las respectivas pirámides de población tanto en España (pirámide color naranja) como en la Comunidad Foral de Navarra, la población está sufriendo un proceso de envejecimiento por la bajada de la natalidad. Esto puede influir en una sustancial bajada de la demanda de vivienda en el sector de la Edificación, pero se están produciendo otros cambios socioculturales que pueden hacer que esta bajada se contrarreste. En este sentido, está aumentando el número de divorcios y la falta de empleo hace que los jóvenes españoles cada vez se emancipen más tarde lo que conlleva a que aumente el número de hogares unipersonales y, por lo tanto, se necesite mayor vivienda. La falta de un empleo estable desde la crisis económica, influye en que los españoles se estén decantando por el alquiler de vivienda en lugar de la compra, a pesar de que España es un país con una cultura bastante consolidada de compra de vivienda. Esta opción también es positiva, ya que puede ayudar a la reactivación del sector mediante la reforma de las viviendas existentes, no utilizadas como vivienda habitual y adecuándolas para su alquiler.

2.1.4 FACTORES TECNOLÓGICOS

Esta parte del entorno genérico está en constante cambio por la era digital y el cambio hacia parte de los negocios online, aunque no se puede orientar este sector hacia el negocio online sino a dar visibilidad desde el marketing online y la gran plataforma para fomentar los entornos colaborativos, para la mejora de la productividad del sector (como son las herramientas BIM) y todas las actuales metodologías de gestión en auge en este momento, acompañadas por todo un desarrollo de herramientas mucho más desarrolladas e implantadas en los sectores industriales, pero que, poco a poco, se están aplicando a la gestión en la Edificación.

Aunque, como se ha comentado anteriormente, el sector de la construcción es un sector con una fuerte resistencia al cambio que suponen los avances tecnológicos, sí está siendo influenciado en la forma de gestionarse por los avances tecnológicos en las herramientas informáticas, que ayudan a la gestión del sector, mejorando su eficiencia, eficacia y productividad. A pesar de que en términos globales el gasto en I+D+I está cayendo desde el inicio de la crisis en comparación con el gasto de la UE, existen en España centros como el Instituto de Ciencias de la Construcción de Eduardo Torroja (IETcc, 2017), que es un Centro del Consejo Superior de Investigaciones Científicas, perteneciente al Área de Ciencia y Tecnología de Materiales. Su función fundamental es llevar a cabo investigaciones científicas y desarrollos tecnológicos en el campo de la construcción y sus materiales. Este objetivo se alcanza a través del desarrollo de proyectos de I+D+i, financiados por el Plan Nacional de Investigación, la Unión Europea y las Comunidades autónomas; así como a través de contratos de investigación con las empresas del Sector de la Construcción.

2.1.5 FACTORES ECOLÓGICOS

La preocupación por el cambio climático y la protección del medio ambiente es uno de los movimientos más proclives en la sociedad actual. Desde el Gobierno de España y la UE se promueven medidas para el ahorro y la mejora del uso de los recursos naturales, reducción de generación de residuos, reciclaje, mejora de la calidad del aire (como la restricción del acceso a los coches en el centro de Madrid), reducción de emisiones contaminantes (ayudas a la compra de coches eléctricos o híbridos con baja emisión), promoción del desarrollo sostenible del medio rural, la construcción sostenible y la eficiencia energética.

Con respecto a estos dos últimos puntos, cabe señalar que, actualmente, hay una corriente hacia la construcción sostenible en el fomento de materiales ecológicos y un estudio muy exhaustivo de las características de transmisión térmica, acústica y energética de los materiales utilizados en la construcción de edificios. Un ejemplo de esto es PassivHouse, que fomenta la construcción sostenible, aumento de los aislamientos en los materiales para el consumo mínimo posterior en climatización y electricidad.

Otro ejemplo es la Directiva Europea relativa a la Eficiencia Energética de los Edificios (Directiva 2010/31/UE) y que tiene como objetivo fomentar la Eficiencia Energética de los edificios sitos en la UE (nuevos y existentes en los que se lleven a cabo reformas importantes), teniendo en cuenta las condiciones climáticas exteriores y las particularidades locales, así como las exigencias ambientales interiores y la rentabilidad en términos de coste-eficacia. Todos estos edificios deberán tener un Certificado de Eficiencia Energética desde 2013 (Figura 9), incluyéndose en los contratos de compraventa o alquiler de vivienda (Sánchez, 2017).

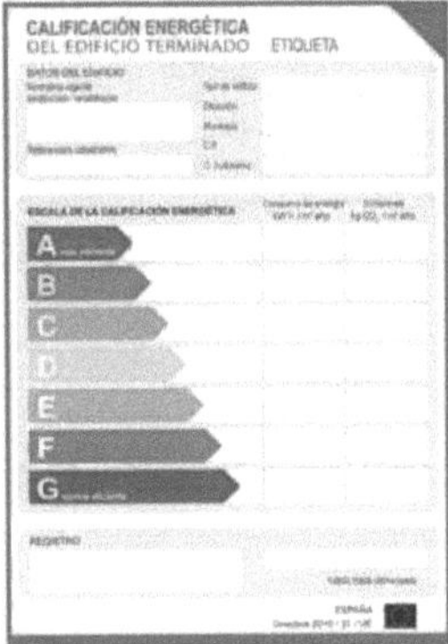

Figura 9. Certificado de eficiencia energética. (Ministerio de Energía, Turismo y Agenda Digital. Secretaría de Estado de Energía. Gobierno de España, 2017)

2.2 ANÁLISIS DEL ENTORNO ESPECÍFICO: LAS 5 FUERZAS DE PORTER

Para el análisis del entorno específico (en el caso de la consultoría BIM, el sector de la construcción), se utiliza el modelo de las 5 Fuerzas de Porter. En el modelo de Michael Porter (Porter, 1980) se analizan los distintos factores que influyen en la competitividad de una empresa en su sector industrial. Para Porter, estos factores son la rivalidad de la competencia en el mercado, los competidores potenciales o nuevos entrantes, los proveedores, los productos sustitutivos y los clientes.

2.2.1 RIVALIDAD DE LA COMPETENCIA EN EL MERCADO

El sector de la construcción, desde el pinchazo de la burbuja inmobiliaria, ha sufrido una profunda paralización del volumen de obra construida. Se pasó de vender absolutamente todo el producto edificado a que, prácticamente, no se promoviera ni obra privada ni pública (si acaso, únicamente en el sector de la Edificación, una escasa promoción de vivienda de protección oficial) y a que aquellos promotores privados, que podían acceder a financiación bancaria, promovieran su vivienda unifamiliar. A pesar de que, poco a poco, hay mayor financiación, la recuperación del sector dista mucho de los niveles de antes de la crisis. Eso ha hecho que muchos de los trabajadores de todos los ámbitos del sector de la construcción hayan tenido que emigrar a otros sectores industriales o países. A pesar de esto, la cantidad de profesionales del sector (arquitectos, ingenieros de edificación, empresas constructoras, ingenierías y gremios especializados) es muy superior a la demanda del mismo. Los márgenes de beneficio se han ido reduciendo para poder subsistir en el sector, lo que ha hecho que muchas empresas hayan tenido que cerrar por ser inviables económicamente.

Cabe señalar que la mayoría de las empresas que forman este sector son autónomos o microempresas, con un porcentaje de representatividad del 95,80% (Sánchez, 2017). Según Sánchez (2017), el número de pymes en el sector de la construcción representaba el 99,88% del total de las empresas en dicho sector en el año 2014. Es un sector en el que muchas empresas ofrecen los mismos servicios, siendo la diferenciación en la calidad ofrecida de los mismos el punto de éxito o fracaso, lo que está íntimamente relacionado con la profesionalidad, la capacitación y la adaptación a los nuevos desafíos que impactan en el sector, como es el caso de BIM.

Además se puede concluir que la situación geográfica tiene un poder determinante ya que, un pequeño promotor contratará las empresas necesarias para la realización de su vivienda en su entorno geográfico más cercano (en este punto se excluyen las grandes empresas que actúan en todo el ámbito nacional). Las barreras de salida son reducidas, los contratos son por proyecto u obra y no hay una gran vinculación entre el cliente y la empresa.

El grado de diferenciación de los productos ofertados en el método tradicional del PPC no es significativo pero este factor cambia cuando se analiza el proceso mediante la metodología BIM. Muy pocas empresas de este sector se han formado en esta metodología y los trabajadores autónomos y pequeñas empresas tendrán que subcontratar este servicio si quieren seguir trabajando en el sector. Ésta es la principal oportunidad de negocio para la consultoría BIM propuesta.

2.2.2 COMPETIDORES POTENCIALES

Los competidores potenciales son una amenaza latente en el sector. Las barreras de entrada son bajas si se tienen los conocimientos suficientes. En este momento, la metodología BIM apenas está implantada en España. La formación que existe ahora es escasa, siendo principalmente cursos, postgrados y másteres privados impartidos generalmente por empresas especializadas. Actualmente, la mayoría de las universidades españolas de arquitectura e ingeniería de edificación no están impartiendo formación específica en sus grados universitarios en BIM, aunque es cuestión de tiempo que lo hagan. Si desde el Ministerio de Fomento, se mantienen los plazos de la obligatoriedad de la utilización de modelos BIM en las licitaciones públicas, la incorporación de dicha formación a estos estudios de grado será incuestionablemente necesaria.

2.2.3 PRODUCTOS SUSTITUTIVOS

Si se toma como base de producto la propia Edificación, en este sector no existe un producto sustitutivo como tal. Son productos realizados según las características básicas que impone el cliente, elaborado según unas especificaciones técnicas definidas por el arquitecto y ejecutado en obra por una empresa constructora. El planteamiento cambia si se toma como producto sustitutivo los servicios que puede prestar la consultoría BIM. En este caso, el grado de diferenciación no será significativo a igualdad de conocimientos sobre esta metodología. Como en el factor anterior, será muy importante el tiempo de reacción que los competidores potenciales estimen para formarse en BIM.

2.2.4 PODER DE NEGOCIACIÓN DE LOS PROVEEDORES

En el caso de estudio, los proveedores principales de la consultoría técnica BIM serán las empresas que proveerán de software informático para poder realizar la actividad. Actualmente, cada vez hay más programas informáticos desarrollados y se ofrecen muchas facilidades para la compra o alquiler de licencias.

En el caso de la consultoría BIM, se necesita dos tipos de software:

- <u>Suite de ofimática</u>: conjunto de programas con herramientas para desarrollar, publicar, gestionar y compartir documentos informáticos (documentos de texto, hojas de cálculo, presentaciones, notas, diagramas y bases de datos). Cabe señalar que en el mercado hay suites online (se trabaja desde Internet y los datos se guardan en la nube (sistemas Cloud)) y offline (mediante la descarga del programa en el ordenador). Existen suites online y offline gratuitas y de pago.

- <u>Software específico BIM</u>: conjunto de programas que permiten el modelado 3D de arquitectura, estructuras e instalaciones, medir y presupuestar la edificación, evaluar la sostenibilidad del proyecto, gestionar la construcción y el mantenimiento del mismo. Este tipo de software es de pago aunque actualmente ofrecen pruebas gratuitas mensuales y formas asequibles en el alquiler de licencias.

Se puede concluir que el poder de negociación de los proveedores de software es alto ya que, inevitablemente, para la gestión de proyectos mediante esta metodología, se necesitan programas informáticos específicos que lo permitan. El mercado de software específico se está desarrollando constantemente, lo que permite tener un abanico amplio de posibilidades que se adecúe a las necesidades técnicas que presente la consultoría.

2.2.5 PODER DE NEGOCIACIÓN DE LOS CLIENTES

El poder de negociación de los clientes será moderado si se necesita una gestión mediante la metodología BIM por la poca información y formación en el sector. Actualmente no existen consultorías orientadas a autónomos y microempresas que ofrezcan este servicio, por lo que, mientras no entren nuevos competidores, los clientes no tendrán margen de negociación sobre los precios de los servicios obtenidos.

2.3 ANÁLISIS INTERNO

El análisis interno de una empresa da como resultado las debilidades y fortalezas que la caracterizan para situar su posición competitiva en el mercado.

2.3.1 DEBILIDADES

- <u>Falta de cartera de clientes</u>: El comenzar una empresa de cero implica no tener una cartera de clientes y contactos que implique tener ingresos al principio de la actividad profesional.

- <u>Escasos fondos propios</u>: En el inicio de la actividad profesional hay una gran dependencia de ayudas por parte del Gobierno de España o del Gobierno de Navarra, financiación de entidades bancarias y de la reducción de costes.

- <u>Periodo de adaptación de los trabajadores</u>: La formación de un nuevo equipo de trabajo implica un periodo de adaptación por parte de todos los integrantes.

- <u>Carencia de imagen de marca</u>: Al ser una empresa nueva, tendrá que hacer un esfuerzo mayor en darse a conocer mediante actividades de marketing más exhaustivas.

- <u>Necesidad de hardware con altas prestaciones y software muy específico</u> para poder realizar los servicios de asesoría técnica.

2.3.2 FORTALEZAS

- <u>Diferenciación de producto</u>: La empresa va a ofrecer un producto novedoso en el sector de la construcción ya que no hay formación en esta metodología.

- <u>Servicio adaptado a las necesidades del cliente</u>: La asesoría va a ser orientada al cliente mediante un servicio totalmente personalizado.

- <u>Experiencia en el sector</u>: La fundadora de la empresa ha trabajado más de diez años en el sector conociendo el proceso proyecto-construcción.

- <u>Motivación</u>: Los trabajadores de la empresa tienen el convencimiento de realizar un trabajo de calidad para que el cliente finalice la relación contractual con un asesoramiento excelente.

- <u>Conocimiento de la normativa del sector</u>.

- <u>Mercado objetivo con apenas conocimiento en la metodología BIM</u> que necesitará este tipo de servicios para su continuidad en el sector.

2.4 MATRIZ DAFO

Según Coulter y Robbins (2010), la combinación de los análisis interno y externo da lugar a la Matriz DAFO, que es la combinación de las fortalezas, debilidades, oportunidades y amenazas de una organización. Mediante este análisis, se pueden formular las estrategias adecuadas para explotar las fortalezas y oportunidades, corregir las debilidades y proteger a la empresa de las amenazas exteriores. Tras el análisis externo e interno de la empresa y la realización de la Matriz DAFO (Tabla 2) se puede concluir que la estrategia empresarial más idónea para la consultoría BIM es la de Diferenciación.

Tabla 2. Matriz DAFO

DEBILIDADES	AMENAZAS
• Falta inicial de cartera de clientes y proyectos. • Escasos fondos propios. • Necesidad de financiación. • Periodo de adaptación de los trabajadores. • Carencia de imagen de marca. • Necesidad de hardware de altas prestaciones y software específico.	• Paralización del sector de la construcción. • Proceso de envejecimiento de la población. • Caída del gasto público en I+D+i. • Cantidad de profesionales del sector superior a la demanda. • Bajos márgenes de beneficios. • Poder determinante de la situación geográfica para la elección de técnicos. • Barreras de salida reducidas (vinculación por proyecto u obra). • Barreras de entrada bajas con los conocimientos específicos en BIM. • Obligatoriedad de contratación de software específico BIM.
FORTALEZAS	**OPORTUNIDADES**
• Diferenciación de producto. • Producto novedoso en el sector. • Servicio adaptado a las necesidades del cliente. • Experiencia en el sector y el proceso proyecto-construcción. • Motivación. • Conocimiento de la normativa del sector.	• Ayudas a la inversión de PYMES. • Ayudas para el empleo y formación. • Crecimiento de la economía española. • Cambios en los modelos de familia hacia hogares unipersonales (mayor necesidad de vivienda). • Orientación hacia el alquiler de vivienda (necesidad de rehabilitaciones y reformas). • Implantación de la metodología BIM en licitaciones públicas en 2018. • Desarrollo emergente de herramientas BIM. • Corriente hacia la construcción sostenible. • Obligatoriedad de la elaboración de Certificados de Eficiencia Energética. • Escasa formación del sector en metodología BIM • No formación actual de BIM en la mayoría de universidades. • Bajo poder de negociación de los clientes por la necesidad de un servicio no implantado en el sector.
	Elaboración propia

A continuación, se realiza el plan de Marketing para que el cliente perciba su servicio como lo que es, un servicio muy novedoso que va a ser imprescindible para sus clientes cuando el Ministerio de Fomento, imponga su implantación obligatoria en Licitaciones Públicas en Edificación a partir del año 2018.

2.5 MODELO DE NEGOCIO - MODELO CANVAS

Según Osterwalder y Pigneur (2011), un modelo de negocio describe las bases sobre las que una empresa crea, proporciona y capta el valor. A través de esta herramienta, se divide la empresa en 9 módulos que reflejan la forma de una empresa de generar ingresos (socios clave, actividades clave, recursos clave, propuestas de valor, relaciones con los clientes, canales, segmentos de cliente, estructura de costes y fuentes de ingresos). En el caso de la consultoría BIM, se elabora el modelo en el ANEXO II.

3 PLAN DE MARKETING

El Plan de Marketing es el resultado de la planificación comercial, enfocado a desarrollar las ventajas competitivas sostenibles para alcanzar los objetivos de la organización (Santesmases, 2012).

En el caso de la consultoría técnica, el objetivo del plan de marketing será conseguir que los clientes conozcan la existencia de la empresa, contraten sus servicios y mediante una asesoría de calidad y enfocada a las necesidades del cliente, queden satisfechos y fidelizados y puedan recomendar la consultoría a otros clientes potenciales.

En este caso será muy importante el marketing relacional, en el que se establece que el servicio será el punto inicial de la relación con el cliente.

3.1 ESTRATEGIA DE SEGMENTACIÓN DEL MERCADO

Según Cuervo (2008), las estrategias de segmentación de mercado definen quiénes serán los grupos de clientes a los que se dirige la empresa.

El mercado objetivo al que va a dirigirse los servicios de la empresa son pequeños promotores, estudios de arquitectura y constructoras que, por su escaso conocimiento en BIM, si no subcontratan este tipo de servicios, no podrán intervenir a corto plazo en licitaciones públicas por la obligatoriedad de su uso. Como antes se ha comentado, en un principio no se orientarán los servicios a grandes promotores y grandes y medianas constructoras, ya que éstos pueden contratar personal técnico propio con conocimientos en la metodología BIM.

3.2 ESTRATEGIAS DE POSICIONAMIENTO – MARKETING MIX

El posicionamiento de la empresa es la imagen o concepción que se forma en la mente del consumidor y que lo distingue de la competencia. Esta imagen es fruto de decisiones como la oferta de productos, canales de distribución, precios y comunicación (Cuervo, 2008). A través del servicio que se realice, la entrega al cliente, unos precios adecuados y una promoción eficiente que llegue a nuestros clientes potenciales, se establecerá una relación enfocada a la plena satisfacción de los mismos y que éstos relacionen la marca de la consultoría con los valores de la empresa anteriormente citados: orientación al cliente, adaptabilidad y excelencia en el trabajo bien hecho.

A continuación, se detalla las estrategias de posicionamiento que va a adoptar la consultoría a través de las cuatro variables del marketing-mix.

3.2.1 PRODUCTO -SERVICIO

Los servicios que va a ofrecer la consultoría BIM van a consistir en dos grandes líneas:

- Realización de modelos BIM a partir del proyecto realizado según el método tradicional (planos realizados con Autocad 2D) y facilitados en formato papel o PDF.

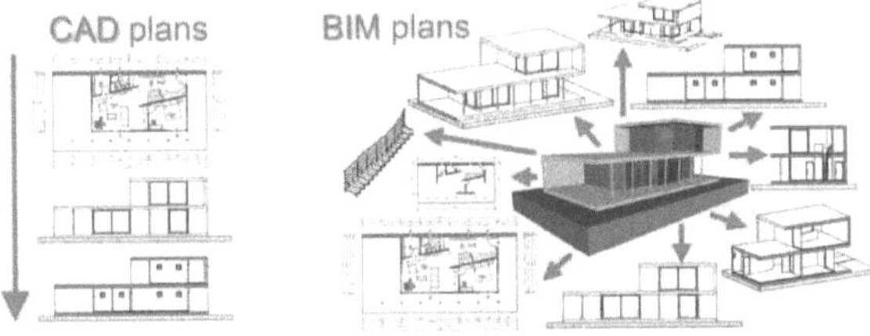

Figura 10. Diferencias entre CAD y BIM. (CBS, CAD & BIM Services, 2016)

- Asesoramiento a empresas durante las distintas fases del proyecto (según los requerimientos del contrato).

Unificación en un único modelo 3D de las distintas partes del proyecto (estructura, arquitectura e instalaciones) para la comprobación de errores y colisiones entre ellos.

Figura 11. Unificación de los proyectos parciales. (COIGT, 2016)

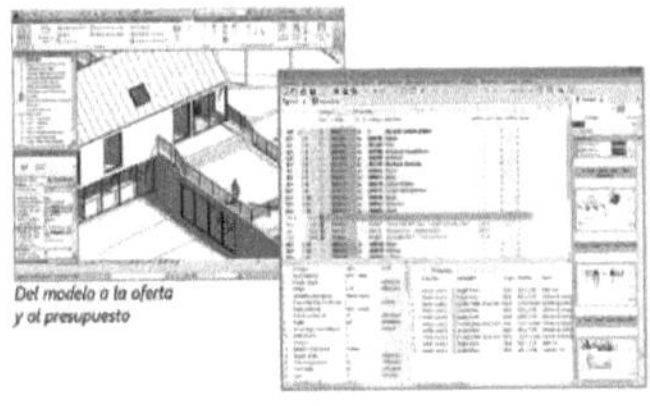

Realización de mediciones y presupuestos mediante la vinculación de programa de modelado 3D, con el programa de cálculo dando como resultado unas mediciones exactas al modelo y evitando las duplicidades y errores en obra.

Figura 12. Generación de presupuestos de forma automática. (MDL, 2015)

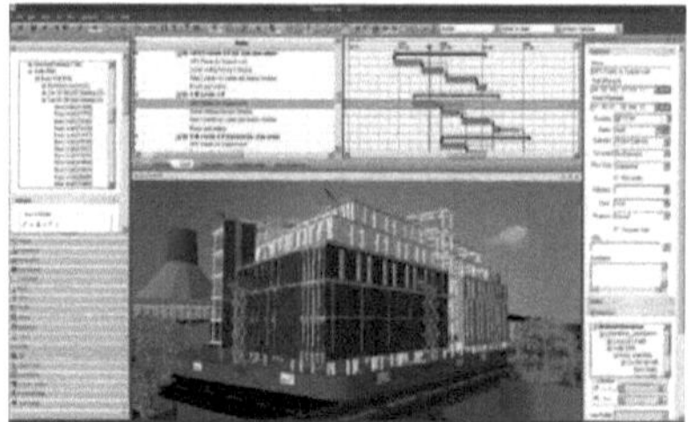

Planificación, programación inicial y actualización de la misma en función del avance de la obra, mediante la vinculación del modelo 3D con herramientas de gestión (Diagramas de Gantt)

Figura 13. Planificación y programación de obra. (EADIC, 2013)

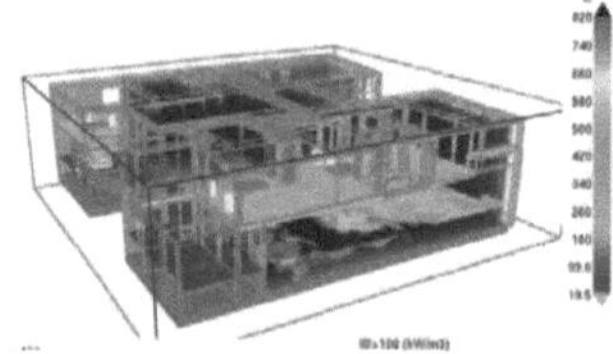

Cálculo de la eficiencia energética de aislamientos e instalaciones del proyecto para prever el funcionamiento de las mismas en la fase de ejecución de obra y mantenimiento de la edificación.

Figura 14. Cálculo de la eficiencia energética. (ZIGURAT, 2016)

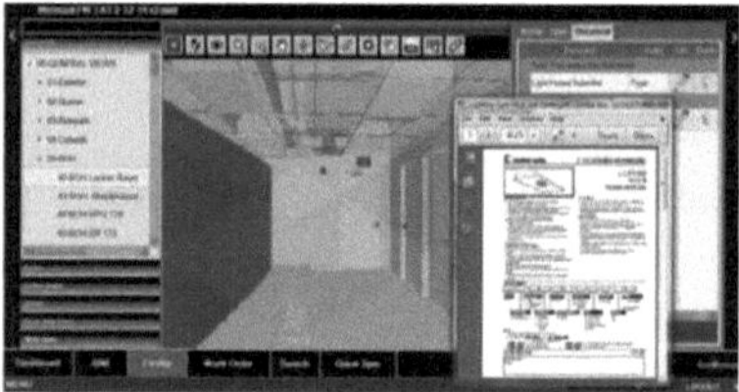

Gestión del mantenimiento de edificios mediante la actualización del modelo ya construido (as-built) para la gestión de la asignación de espacios, de la asistencia técnica de equipos y pruebas a realizar a las instalaciones.

Figura 15. Gestión del mantenimiento de edificios. (Virtual Building Studios, 2016)

3.2.2 PRECIO

Desde la publicación de la Ley Omnibus o Ley sobre el libre acceso a las actividades de servicios y su ejercicio (Ley 25/2009), los colegios profesionales de Arquitectos Técnicos e Ingenieros de Edificación no pueden establecer baremos orientativos ni cualquier otra orientación, recomendación, directriz, norma o regla sobre honorarios profesionales, lo que da total libertad para establecer los precios de los servicios a realizar.

Se ha realizado una encuesta online a través de Google Drive a 55 personas del sector de la edificación, para analizar la aceptación que tendría en el mercado la implantación de la consultoría BIM y el establecimiento del precio por hora en labores de asesoría. Esta encuesta y el detalle de sus resultados se facilitan en el ANEXO III.

El importe de los servicios que va a realizar la consultoría BIM se deberá estudiar para cada encargo en función de los siguientes criterios:

- Calidad de la información del proyecto aportada.
- Complejidad del proyecto y nivel de detalle requerido del modelo (LOD).

Tabla 3. Niveles de detalle de un modelo BIM (LOD)	
LOD 100	Diseño meramente conceptual. El modelo aportará una visión general (área, altura, volumen, localización y orientación).
LOD 200	Aporta una visión general con magnitudes. Los elementos del modelo son sistemas genéricos con cantidades aproximadas de tamaño, forma, localización y orientación.
LOD 300	Aporta información y geometría precisa, pendiente de algún detalle constructivo no completo. Este nivel permite generar los documentos del proyecto (memoria y planos), la justificación técnica y normativa, las mediciones, el presupuesto y la programación inicial por unidades de obra.
LOD 400	Contiene el detalle necesario para la fabricación o construcción y el nivel de mediciones es exacto. Debe incluir toda la información necesaria sobre la fabricación, montaje, ensamblaje y detalles para la construcción del edificio. La información de cada uno de los elementos se consideran representaciones virtuales de la realidad que va a ser construida.
LOD 500	Representa el proyecto ya construido (as-built) y es adecuado para el mantenimiento y explotación del edificio.
	Adaptación de Fuentes, 2014

- Cantidad de repeticiones a realizar (edificios, plantas iguales).

- Superficie total.

- Especialidades a incluir en el modelo (arquitectura, estructura e instalaciones).

Para la elaboración de modelos 3D con un nivel de detalle de proyecto de ejecución (LOD 300) se detallan estos precios por metro cuadrado construido de edificación.

Tabla 4. Precios para elaboración de modelos BIM		
LOD 300	Hasta 100 m^2	15,00 €/m^2
	De 101 a 200m^2	10,00 €/m^2
	De 201 a 400 m^2	8,00 €/m^2
	De 400 a 1000 m^2	5,00 €/m^2
	Más de 1000 m^2	4,50 €/m^2
		Elaboración propia

Para la asesoría de empresas durante las fases del proyecto, modificaciones del modelo en la fase de ejecución de obra y mantenimiento (LOD 400 y LOD 500), realización de mediciones, presupuestos y direcciones técnicas de obra, se estudiará cada caso para dar un precio cerrado o se aplicará un precio de 90 €/hora.

3.2.3 DISTRIBUCIÓN

Esta variable del Marketing Mix viene del inglés Place y representa los canales de distribución que va a tener el producto. La consultoría técnica va a tener una oficina propia donde va a realizar la elaboración de modelos BIM y las tareas técnicas informáticas pero hay que tener en cuenta, que algunos de los servicios que va a ofrecer la consultoría BIM son servicios para autónomos y empresas dedicadas a la construcción, con lo que muchas reuniones se realizarán en las propias oficinas de los clientes y en el caso de la asesoría en las distintas fases de obra, se realizarán en las localizaciones donde se esté ejecutando la edificación. También cabe destacar que, como la metodología BIM se enfoca a trabajar mediante un entorno colaborativo, mucho trabajo se realizará mediante la compartición de la información del modelo BIM en sistemas Cloud (trabajando con Internet y guardando los datos en la nube) para que los clientes puedan ver el avance de los trabajos desde sus empresas.

3.2.4 PROMOCIÓN

Según Santesmases (2012), la Promoción es fundamentalmente Comunicación. Es la transmisión de información sobre el producto o servicio del vendedor al comprador. Su finalidad es estimular el conocimiento, el interés y la compra de los bienes y servicios que se ofrecen en el mercado.

A través de los instrumentos de la promoción, se dará a conocer a los clientes potenciales de la consultoría BIM los servicios anteriormente citados en el apartado de Producto-Servicio.

3.2.4.1 IMAGEN DE MARCA

En el marketing de servicios es muy importante asociar la empresa con una imagen de marca, que permita su diferenciación de la competencia y así tangibilizar el servicio que ofrece la consultoría BIM. Para ello, se ha diseñado el logo de la empresa que representará la imagen corporativa de la misma, en todos los documentos que se faciliten a los clientes como tarjetas de visita y papelería para los documentos en papel que requieran los encargos realizados. Se ha elegido un logotipo que incluya toda la información que queremos que obtenga el cliente potencial de la empresa. Está el nombre de la empresa ZS Consultores, el acrónimo BIM en el que se basa la metodología de trabajo de la misma y la imagen conceptual de la parte superior de una edificación.

Figura 16. Logo de la empresa. (Elaboración propia, 2017)

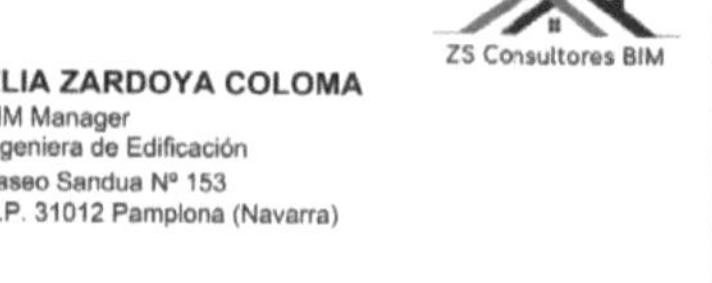

Figura 17. Tarjeta de visita (Elaboración propia, 2017)

3.2.4.2 *ESTRATEGIA DE PROMOCIÓN OFFLINE*

En el sector de la construcción las relaciones contractuales tienen mucho que ver con el contacto personal y la confianza que genera al cliente la consultoría al que encarga el servicio.

Como primera estrategia de promoción offline, se realizará un estudio de mercado para encontrar los clientes potenciales de la consultoría BIM. Para ello, se hace un barrido de los colegiados en arquitectura, colegiados en ingeniería de edificación, asociaciones de la construcción en Navarra y de las empresas de construcción inscritas en la comunidad. El estudio de mercado de los clientes potenciales de la consultoría BIM se facilita en el ANEXO IV.

Con los datos facilitados, se realizará un primer contacto por teléfono para informar de la creación de la empresa y de los servicios a realizar.

Posteriormente, para los clientes que así lo soliciten, se establecerán visitas personales para explicar más detalladamente cuáles son los servicios personalizados y orientarles en la metodología BIM para poder establecer una relación profesional a corto plazo.

Con respecto a la publicidad, la consultoría BIM no va a proceder a establecer anuncios en prensa escrita o revistas especializadas hasta que haya explotado el primer contacto con todos los clientes potenciales y estos, ya sepan de la existencia de la empresa y sus servicios. En un primer momento, la estrategia offline se centrará en que los clientes potenciales conozcan la empresa y en el refuerzo de estos conocimientos con la Estrategia Online.

Las ferias especializadas suelen ser un enclave muy proclive para las relaciones entre clientes y empresas. En el caso de la construcción, las ferias que se suelen organizar son a nivel nacional (no suelen organizarse en la Comunidad Foral de Navarra) con lo que se prevé asistir a Ferias nacionales y Congresos sobre la metodología BIM, pero más con un enfoque a la actualización de conocimientos y no tanto a la captación de clientes dentro del marketing de la consultoría BIM.

3.2.4.3 *ESTRATEGIA DE PROMOCIÓN ONLINE*

La influencia del entorno digital tiene tanta fuerza en la actualidad en todos los sectores empresariales que es impensable no establecer una estrategia de comunicación Online. En este sentido, la consultoría BIM va a realizar las siguientes estrategias:

- <u>Elaboración de una página Web de la consultoría BIM</u>, donde se explique la misión y visión de la consultoría, los valores corporativos y la cultura empresarial, la experiencia profesional de los socios y todos los servicios de realización de modelos BIM y asesoramiento durante todas las fases del ciclo de vida de un edificio. Esta página Web será fácil, accesible, intuitiva y estará elaborada para poder acceder desde todos los sistemas operativos y desde todos los terminales (Smartphone, Tablet y PC). Además cumplirá con todos los datos y requisitos de la Ley 34/2002 de 11 de julio de Servicios en la Sociedad de Información y Comercio Electrónico. En este caso, la página web se realiza desde el editor gratuito Wix y lo que se comprará será el dominio de la misma en Internet. https://zsconsultores.wixsite.com/zsconsultoresbim. La imagen de la página web corporativa se facilita en el ANEXO V.

- Posicionamiento SEO: Con esta herramienta de marketing digital se consigue que el posicionamiento de la empresa sea más favorable que el de la competencia cuando los clientes utilicen determinadas palabras en un buscador (Google). En el caso de la consultoría BIM, se utilizarán las palabras clave: BIM, consultoría, proyecto, construcción.

- Creación de un correo electrónico corporativo para la comunicación entre la empresa y los clientes, este será info@zsconsultoresbim.com . Además, para el conocimiento de los clientes potenciales, se realizará un envío de email con la información de la creación de la empresa y todos los servicios a realizar.

- Redes sociales: Se elaborarán perfiles en las principales redes sociales para tener presencia en las mismas, que los clientes estén informados de los trabajos realizados y las ventajas de contratar los servicios de la consultoría BIM. Se crearán perfiles en Facebook, LinkedIn, Instagram y Twitter.

- Gestión de clientes mediante CRM (Customer Relationship Management): Para la gestión de las relaciones con los clientes, la empresa utilizará este tipo de herramienta para la mejora de la identificación, organización y mantenimiento de las relaciones. En el caso de la consultoría BIM se utilizará el programa Zoho CRM, que es un CRM gratuito online con seis funciones:

  o Ventas y Marketing: contactos, formularios, encuestas y campañas.
  o Herramientas colaborativas: email, chat, documentos, proyectos y reuniones.
  o Negocios: creación, reportes, monitorización web.
  o Finanzas: libros de contabilidad, facturas, inventario, suscripciones y gastos.
  o Soporte y atención al cliente: asistencia, soporte, y atención al cliente.
  o Recursos humanos: reclutamiento y gestión de los recursos humanos.

3.3 COSTES DE MARKETING

A continuación se presenta una tabla con la estimación del presupuesto necesario para la estrategia de marketing.

Tabla 5. Costes de Marketing

CONCEPTO	IMPORTE
Elaboración de logo de la empresa en www.crearlogogratis.com y descarga de logo en alta resolución	19,95 €
Placa de empresa en fachada de local de oficina	300,00 €
Realización de 500 tarjetas de visita en www.vistaprint.es	14,99 €
Elaboración propia de la página web a través de www.wix.com	Sin coste
Compra de dominio, creación de correos corporativos y estrategia SEO a través de www.wix.com	12,50 €/mes
Creación de perfiles en Redes Sociales (Facebook, LinkedIn, Instagram y Twitter)	Sin coste
Gestión de Clientes mediante Zoho CRM Online	Sin coste
	Elaboración propia

4 PLAN DE OPERACIONES

Según Bañegil et al (2005), la estrategia de operaciones hace referencia a la forma en la que la dirección contribuye a alcanzar los objetivos generales mediante la asignación de recursos a los diferentes servicios y funciones. Entre los objetivos del plan de operaciones se puede encontrar:

- Seleccionar la localización más adecuada para la empresa.
- Planificar la estructura del proceso de trabajo.
- Seleccionar las tecnologías de producción a emplear.
- Gestionar los recursos humanos y el diseño del trabajo (este apartado se desarrolla en el Plan de organización y RRHH).

4.1 LOCALIZACIÓN

En el caso de la consultoría BIM, va a tener la oficina localizada en el barrio San Jorge de Pamplona (Navarra), por ser un barrio próximo al centro de Pamplona pero con unos alquileres de locales comerciales mucho más asequibles. Además, hay que tener en cuenta que los servicios que va a ofrecer la consultoría, son servicios para autónomos y empresas dedicadas a la construcción, con lo que muchas reuniones se realizarán en las propias oficinas de los clientes y en el caso de la asesoría en las distintas fases de obra, se realizarán en las localizaciones donde se esté ejecutando la edificación. Se ha diseñado un plano con la distribución de la oficina de la consultoría BIM que se facilita en el ANEXO VI.

Figura 18. Situación de San Jorge en Pamplona. (pamplonainmobiliaria.net, 2017)

Figura 19. Fachada de la Consultoría BIM. (Elaboración propia)

4.2 RECURSOS NECESARIOS

En la redacción de los recursos necesarios para la puesta en marcha de la consultoría BIM cabe destacar que en la misma, van a trabajar inicialmente cinco personas (los dos socios fundadores de la sociedad y tres personas contratadas) con lo que se prevén necesarios los siguientes recursos.

4.2.1 SOFTWARE INFORMÁTICO

- 1 Licencia Autodesk Colección Arquitectura, Ingeniería y Construcción. Esta licencia incluye el alquiler de los siguientes programas:
    - o Revit Architecture: Software para modelado 3D BIM.
    - o Autocad: Software de diseño y documentación 2D.
    - o Autocad Civil 3D: Diseño de ingeniería civil y documentación de construcción.
    - o Infraworks: Plataforma de BIM de ingeniería, geoespacial y para la planificación, el diseño y el análisis.
    - o Naviswork Management: Revisar modelos integrados y datos con los participantes para obtener un mayor control sobre los resultados de los proyectos.
    - o Autocad Raster Design: Software de conversión de ráster a vector.

- o Autocad Mobile App: Software para ver, crear, editar y compartir dibujos DWG™ en dispositivos móviles.
- o Rendering in A360: Renderizaciones rápidas y de alta resolución en la nube.
- o 3D Max: Software de renderización, animación y modelado 3D.
- o Vehicle Tracking: Software de análisis de ruta de barrido de vehículos.
- o Autocad 3D map: Software de cartografía y GIS basado en modelos.
- o Autocad Architecture: AutoCAD con herramientas exclusivas para arquitectos.
- o Autocad Electrical: AutoCAD con funciones de CAD de diseño eléctrico.
- o Autocad MEP: AutoCAD de operaciones para profesionales de la mecánica, la electricidad y el saneamiento.
- o Autocad 3D Plant: Software de diseño de presentación de plantas.
- o Formit Pro: Aplicación intuitiva de creación de bocetos 3D con interoperabilidad nativa con Revit.
- o Insight: Módulo de extensión de Revit para mejorar el rendimiento energético y medioambiental de los edificios.
- o Recap Pro: Software y servicios de captura de la realidad y digitalización 3D.
- o Structural Analysis for Revit: Ejecutar análisis estáticos de diseños estructurales en la nube directamente desde Revit.
- o Cloud Storage: Cargar y acceder a grandes archivos de cualquier tipo, en cualquier momento y en cualquier lugar.
- 3 Licencias de alquiler de Autodesk Revit LT™: Software para modelado 3D BIM.
- 1 Licencia Rib Spain Presto + Cost It: Software para realizar las mediciones y presupuestos de un proyecto y el plugin de exportación e importación de información compatible con Revit.
- 1 Licencia Rib Spain Presto, módulo de Gestión de Proyectos: Módulo para las certificaciones mensuales de avance de obras.
- 5 Licencias Microsoft Windows 10 Pro: Sistema operativo de entorno Windows.
- 5 Licencias Microsoft Office 365 Empresa: Incluye por cada usuario 1 TB de almacenamiento y uso compartido de archivos, Office instalado en PC y aplicaciones de Office en tabletas y teléfonos.
- 5 Licencias Adobe Acrobat PDF Pack: Crea archivos PDF a partir de Microsoft Office y otros formatos de archivos, exporta archivos PDF a Word, Excel y PowerPoint, envía y realiza el seguimiento de documentos online y edita textos e imágenes en PDF.
- 1 Licencia Sage Contaplus Profesional. Programa de contabilidad y gestión de empresas.

- 1 Servidor virtual (Cloud): Servidor en la nube para disponer de la información en cualquier lugar. (Procesador 4 vCPUIntel Xeon, Memoria RAM 8 GB, Disco SSD 100 GB, 1 IP y firewall incluidos, y Hypervisor VMWare.

4.2.2 HARDWARE INFORMÁTICO

Para evitar la obsolescencia del hardware informático, se realiza un contrato de renting con una empresa especializada de los siguientes componentes:

- 5 ordenadores tipo de CPU: Las características son procesador Intel® Pentium®, Xeon® de uno o varios núcleos, o procesador i-Series o equivalente. AMD® con tecnología SSE2. Memoria. 4 GB de RAM. Adaptador de vídeo. Gráficos básicos: Adaptador de pantalla para color de 24 bits. Espacio en disco. 5 Gb. de espacio libre.
- 5 monitores 1280 x 1024 con color verdadero. Configuración de DPI de pantalla: 150 % o menos.
- 5 dispositivos señaladores o ratones MS o 3Dconexión®.

Para la impresión de hojas y planos de gran formato se establece el renting y pago de copias en función de su uso:

- 1 Impresora láser multifuncional DIN A3, escáner, impresión, fax, copia.
- 1 Plotter para la impresión de planos hasta tamaño DIN A0.

4.2.3 SERVICIOS CONTRATADOS

- Agua.
- Gas.
- Electricidad.
- Fibra óptica y telefonía (1 línea fija y 2 líneas móviles).
- Seguros Musaat (responsabilidad civil en construcción) y multirriesgo empresarial.
- Agencia Española de Protección de Datos.

4.2.4 MOBILIARIO DE OFICINA

En la zona de trabajo:

- 6 mesas de 2,00x1,00 m.
- 6 sillas ergonómicas.
- 2 estanterías.

En la sala de office:

- Mesa de diámetro 1,00 m.
- 4 sillas.
- 1 armario.

En la sala de reuniones:

- Mesa de 2,50x0,80 m.
- 6 sillas.

En la sala de espera:

- 3 sillones.

4.3 COSTES OPERATIVOS

Tabla 6. Costes Operativos

LOCAL DE OFICINA

CONCEPTO	UNIDADES	PRECIO UNITARIO	IMPORTE
Alquiler de local para oficina	1	450 €/mes	450 €/mes

Fuente: www.idealista.com

SOFTWARE INFORMÁTICO

CONCEPTO	UNIDADES	PRECIO UNITARIO	IMPORTE
Licencia Autodesk Colección Arquitectura, Ingeniería y Construcción	1	441,65 €/mes ó 3.545,30 €/año	441,65 €/mes ó 3.545,30 €/año
Licencia de Autodesk Revit LT™	3	72,60 €/mes ó 592 €/año	217,80 €/mes ó 1.776 €/año
Licencia Rib Spain Presto + Cost It	1	90 €/mes ó 540 €/año	90 €/mes ó 540 €/año
Licencia Rib Spain Presto, módulo de Gestión de Proyectos	1	289 €/año	289 €/año
Licencia Microsoft Windows 10 Pro	5	279 €/ud	1.395 €
Licencia Microsoft Office 365 Empresa	5	10,50 €/ud/mes	52,50 €/mes
Licencia Adobe Acrobat PDF Pack	5	5,05 €/ud/mes	25,25 €/mes
Licencia Sage Contaplus Profesional	1	482,79 €/año	482,79 €/año
Servidor virtual (Cloud):	1	90 €/mes	90 €/mes

Fuentes: www.autodesk.es, www.rib-software.es, www.microsoftstore.com, www.acrobat.adobe.com, www.arsys.es, www.tienda.sage.es

HARDWARE INFORMÁTICO

CONCEPTO	UNIDADES	PRECIO UNITARIO	IMPORTE
Renting de CPU + Monitor + Ratón	5	60 €/mes	300 €/mes
Renting de impresora láser multifunción hasta tamaño A3, escáner, impresión, fax y copia.	1	75 €/mes	75 €/mes
Pago de impresiones impresora láser multifunción	Según consumo	0,0057 €/copia blanco y negro 0,0552 €/copia color	0,0057 €/copia blanco y negro 0,0552 €/copia color
Renting de plotter para la impresión de planos hasta tamaño A0	1	55,20 €/mes	55,20 €/mes
Pago de impresiones plotter	Según consumo	1,80 €/ml	1,80 €/ml

Fuentes: www.caixabankequipment.com, www.impresorasprofesionaleshp.es

SERVICIOS CONTRATADOS

CONCEPTO	IMPORTE	
Agua. Gas. Electricidad. Fibra óptica. Telefonía: 1 línea fija y 2 móviles.	Según consumos detallados en el Plan Financiero	
Musaat (Seguro de Responsabilidad Civil en construcción).	2	800 €/año	1.600 €/año
Seguro multirriesgo empresarial y responsabilidad civil.	1	300 €/año	300 €/año
Agencia Española de Protección de Datos	1	150 €/año	150 €/año

Fuente: www.musaat.es ,www.allianz.es/seguros-para-empresas

RENTING DE MOBILIARIO DE OFICINA			
CONCEPTO	UNIDADES	PRECIO UNITARIO	IMPORTE
Mesa de 2,00x1,00 m	6	7,50 €/mes	45 €/mes
Silla ergonómica	6	3,00 €/mes	18 €/mes
Estantería	2	4,00 €/mes	8 €/mes
Mesa de 2,50x0,80 m.	1	10,00 €/mes	10,00 €/mes
Silla de sala de reuniones	6	2,50 €/mes	15 €/mes
Mesa de diámetro 1,00 m	1	5,00 €/mes	5,00 €/mes
Silla de office	4	3,00 €/mes	12 €/mes
Armario	1	20 €/mes	20 €/mes
Sillones de sala de espera	3	4 €/mes	12 €/mes
		Fuente: www.mercaoficina.es	
		Elaboración propia	

5 PLAN DE ORGANIZACIÓN Y RR.HH.

Para una empresa como una consultoría BIM en la que se ofrecen servicios de realización de modelos 3D y asesoramiento a empresas durante las distintas fases del proyecto, la importancia de las personas que realizan el trabajo y su formación ocupa una importancia más que reseñable, ya que depende de la relación directa con el cliente la plena satisfacción del mismo al finalizar el servicio de asesoría.

5.1 ESTRUCTURA ORGANIZACIONAL

Según la Ley de Sociedades de Capital (RD 1/2010), las sociedades de capital pueden ser Sociedades Anónimas, Sociedades de Responsabilidad Limitada y Sociedades Comanditarias por Acciones. En el caso de este estudio, se decide la forma jurídica de la Sociedad Limitada Nueva Empresa (SLNE) ya que tiene las siguientes características:

- La sociedad nueva empresa tendrá como objeto social de actividades profesionales y de servicios en general.

- El capital de la sociedad nueva empresa no podrá ser inferior a 3.000 € ni superior a 120.000 €. En el caso de la consultoría BIM se aportará un capital de 3.000 €.

- La responsabilidad frente a terceros está limitada al capital aportado por cada socio. En este caso, cada socio tendrá el 50% de las participaciones sociales del capital social.

5.2   ORGANIGRAMA EMPRESARIAL

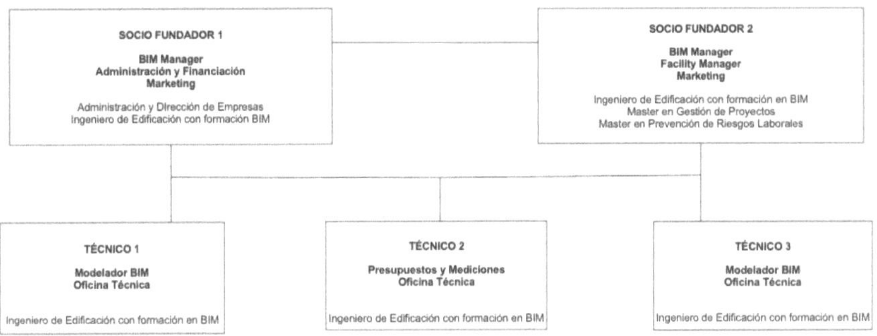

Figura 20. Organigrama empresarial (Elaboración propia)

5.3   DISEÑO DE LOS PUESTOS DE TRABAJO

De acuerdo con el organigrama empresarial anterior, se detallan las funciones de los puestos de trabajo de los integrantes de la organización:

Socio fundador 1

El perfil de este puesto es una persona con las titulaciones de grado en Ingeniería de Edificación, Administración y Dirección de empresas (ADE) y posee formación en la metodología BIM. Las funciones asociadas a su puesto son:

- En el inicio de la puesta en marcha de la organización, elaborar la contabilidad y tareas de facturas, cobros y pagos de la empresa.
- Análisis y selección de personal.
- Elaborar, ejecutar, controlar y modificar si hiciera falta las estrategias de marketing para la consecución de proyectos.
- Estudio de la viabilidad de inversiones futuras.
- Análisis financiero de la empresa.
- Coordinar el equipo de trabajo según las necesidades de los servicios contratados por los clientes.
- Sincronización y análisis de modelos 3D de arquitectura, realizados por los técnicos 1 y 3 con los modelos de estructura e instalaciones de las empresas colaboradoras externas para la comprobación de errores y colisiones entre ellos.
- Comprobación y coordinación de las mediciones y presupuestos elaborados por el técnico 2.

Socio fundador 2

El perfil de este puesto es una persona con la titulación de grado en Ingeniería de Edificación, máster en Gestión de Proyectos, máster en Prevención de Riesgos Laborales y posee formación en la metodología BIM.

Las funciones asociadas a su puesto son:

- Análisis y selección de personal.
- Elaborar, ejecutar, controlar y modificar si hiciera falta las estrategias de marketing para la consecución de proyectos.
- Coordinar el equipo de trabajo según las necesidades de los servicios contratados por los clientes.
- Sincronización y análisis de modelos 3D de arquitectura, realizados por los técnicos 1 y 3 con los modelos de estructura e instalaciones de las empresas pertinentes para la comprobación de errores y colisiones entre ellos.
- Comprobación y coordinación de las mediciones y presupuestos elaborados por el técnico 2.
- Asesoramiento a empresas en la planificación y programación de obras mediante la vinculación del modelo 3D con herramientas de gestión.
- Realización de certificaciones mensuales de obra (presupuestos con las mediciones parciales elaboradas a partir del modelo 3D de cada fase de obra realizada).
- Calculo de la eficiencia energética de aislamientos e instalaciones para la mejora de prestaciones en las fases de ejecución de la obra y el mantenimiento de la edificación.
- Gestión del mantenimiento de edificios mediante la actualización del modelo BIM ya construido, para la gestión de la asignación de espacios y pruebas técnicas de instalaciones.

Técnicos 1 y 3

El perfil de estos puestos de trabajo está definido para dos personas con el grado de Ingeniería de Edificación con formación en la metodología BIM. Este requisito es indispensable ya que, las funciones que desempeñarán serán las de la elaboración del modelo 3D y la asistencia en oficina técnica, siendo responsables de generar las Memorias y Pliegos de Condiciones Técnicas de los proyectos (memoria descriptiva, memoria constructiva, cumplimiento del CTE, cumplimiento de la normativa aplicable y anejos a memorias).

Técnico 2:

El perfil de este puesto de trabajo está definido para una persona con el grado de Ingeniería de Edificación con formación en la metodología BIM. Esta persona será la encargada de la elaboración de las mediciones y presupuestos de todos los elementos que queden perfectamente definidos en el modelo 3D y revisará el mismo para que no haya fallos ni ausencia de partidas no vinculadas del programa de modelado al programa de mediciones y presupuestos. Además realizará labores de oficina técnica, siendo las mismas funciones que las descritas en los puestos de trabajo de los técnicos 1 y 3.

5.4 POLÍTICA ESTRATÉGICA DE RR.HH.

La estrategia de RR.HH debe ser acorde a los intereses de la empresa y a los trabajadores. En el caso de la consultoría BIM, esta política está orientada a la máxima final de la satisfacción del cliente pero para ello, todos los integrantes de la misma deben estar satisfechos. Todos los trabajadores de la organización deben entender e interiorizar la misión, visión y valores de la empresa para transmitir éstos a los clientes y ayudar a su satisfacción con el trabajo realizado. Se propone una remuneración con un salario fijo, cierta flexibilidad en el horario de trabajo siempre que se cumplan las horas de trabajo contratadas y la generación por parte de todos de un clima agradable de trabajo. Esta cuestión es de vital importancia al ser una empresa tan pequeña, con los dos socios fundadores y tres empleados. Cabe destacar que en esta metodología de trabajo, los entornos colaborativos son fundamentales con lo que una eficiente y eficaz política de RR.HH es indispensable.

5.5 PLANES DE FORMACIÓN

Según Fernández (2014), los planes de formación es una de las condiciones prioritarias para asegurar un buen rendimiento del trabajo en la empresa para que sus empleados tengan los conocimientos, las habilidades y la experiencia necesarias y puedan llevar a cabo sus trabajos eficientemente, no tan solo el día de hoy, sino también en un futuro próximo.

Este mismo autor, define que el concepto de formación es el esfuerzo planificado y sistemático para adquirir los conocimientos, habilidades o las aptitudes necesarias para poder llevar a cabo eficientemente un trabajo o una tarea determinada.

A medida que la consultoría técnica vaya realizando los encargos contratados se analizarán los puntos fuertes y débiles de todos los integrantes, dentro del proceso de mejora continua de la empresa y se estudiarán las posibles medidas a implementar en el plan de formación, tanto en formación técnica, en liderazgo o en habilidades sociales.

5.6 COSTES DE RR.HH.

Según el Convenio Colectivo Nacional de Empresas de Ingeniería y Oficinas de Estudios Técnicos para 2017 y el Régimen de Autónomos (RETA), la estimación de los costes de RR.HH. para las cinco personas que van a integrar la consultoría (2 socios y tres trabajadores) son:

Tabla 7. Costes de RR.HH

SOCIOS FUNDADORES – RÉGIMEN DE AUTÓNOMOS RETA			
SALARIO		**€/mes**	**€/año**
Salario bruto mensual		1.800,00	
2 pagas extras prorrateadas		333,33	
SALARIO BRUTO		**2.133,33**	**25.600,00**
COSTE AUTÓNOMOS		**€/mes**	**€/año**
RETA		267,04	3.204,44
COSTE BRUTO TOTAL POR SOCIO			**28.804,44**
COSTE BRUTO TOTAL 2 SOCIOS			**57.608,88**
PUESTOS 1-2-3			
SALARIO		**€/mes**	**€/año**
Salario bruto mensual		1.253,16	
2 pagas extras prorrateadas		208,84	
SALARIO BRUTO		**1.462,00**	**17.544,24**
COSTE SEGURIDAD SOCIAL	**%**	**€/mes**	**€/año**
Contingencias comunes para la empresa	23,60	345,03	
Tipo Gral. Para contrato indefinido - tiempo completo	5,50	80,41	
Fogasa	0,20	2,92	
Formación Profesional	0,70	10,23	
COSTE BRUTO TOTAL POR TRABAJADOR		**1.900,59**	**22.807,08**
COSTE BRUTO PUESTOS 1-2-3		**5.701,77**	**68.421,24**
COSTES DE COLEGIACIONES DE LOS SOCIOS FUNDADORES			
COLEGIACIONES	**Ud**	**€/año**	**€/año**
Colegio de Aparejadores, Arquitectos Técnicos e Ingenieros de Edificación de Navarra	2	312 €/año	624 €/año
Colegio de Economistas de Navarra	1	130,76 €/año	130,76 €/año
COSTE TOTAL POR COLEGIACIONES			**754,76 €/año**
			Elaboración propia

6 PLAN FINANCIERO.

El objetivo del plan financiero consiste en conocer todas las necesidades económicas y financieras que requiere un proyecto empresarial y analizar mediante una previsión de los estados económicos-financieros, la viabilidad tanto en riesgo como en rentabilidad para acometer dicho proyecto (González, 2013).

Para la realización del plan financiero de la consultoría BIM, se realiza el estudio de los 5 primeros años de las inversiones necesarias, las necesidades de financiación propia y ajena, la previsión de gastos fijos, el análisis previsional de ingresos y gastos, el umbral de rentabilidad para la consultoría, el plan de tesorería, la cuenta de pérdidas y ganancias previsional, el balance previsional, el análisis de los ratios económicos financieros y el estudio de la viabilidad empresarial mediante el Valor Actual Neto (VAN) y la Tasa Interna de Retorno (TIR).

6.1 PLAN DE INVERSIONES INICIALES

En el caso de estudio de la consultoría BIM se ha optado por una estrategia de renting tanto en mobiliario como de hardware necesario y el resto de aplicaciones necesarias son gastos fijos anuales. La única inversión inicial necesaria es la compra de las 5 licencias informáticas de Microsoft Windows 10 Pro que aparecerán en el balance previsional como Inmovilizado Intangible (Aplicaciones Informáticas). Según la Ley Foral 16/2016 del Impuesto de Sociedades, la estimación de la amortización para estas licencias será de 4 años (amortizando cada año el 25% de su valor de compra) y la amortización se iniciará a partir del momento en que el activo comience a producir rentas.

Tabla 8. Inversiones iniciales							
INVERSIONES	**INICIO**	**AÑO 1**	**AÑO 2**	**AÑO 3**	**AÑO 4**	**AÑO 5**	**Vida útil**
Microsoft Windows 10 Pro	1.395 €	-	-	-	-	-	4 años
Amortizaciones		348,75 €	348,75 €	348,75 €	348,75 €	-	

Elaboración propia

6.2 FINANCIACIÓN

La financiación prevista para la consultoría BIM va a consistir en financiación propia y financiación ajena.

La financiación propia resultará de la aportación de los dos socios fundadores como capital social de la empresa, que en este caso estará formado con las aportaciones dinerarias de 1.500 € (50% del capital) de cada socio, lo que resultará un capital de 3.000 € aportado en la constitución de la Sociedad Limitada Nueva Empresa.

La financiación ajena resultará de un préstamo bancario a pagar en 5 años con un principal de 20.000 € y a un tipo de interés del 4,90%. A continuación se detalla en la tabla 10 el desglose de la financiación tanto propia como ajena y los pagos anuales de gastos financieros, amortizaciones y anualidades. Cabe señalar que aunque los préstamos bancarios suelen tener un periodo de devolución del principal e intereses de 8 años, se ha decidido ajustar el préstamo a 5 años por ser el periodo de estudio de este plan financiero.

Tabla 9. Financiación

FINANCIACIÓN PROPIA:	AÑO 1	AÑO 2	AÑO 3	AÑO 4	AÑO 5
Capital Social					
Aportaciones al Capital	3.000,00	-	-	-	-

FINANCIACIÓN AJENA:	AÑO 1	AÑO 2	AÑO 3	AÑO 4	AÑO 5
Nuevos préstamos constituidos	20.000,00	0,00	0,00	0,00	0,00

Condiciones Préstamos:

Tipo de interés	4,90%
Años	5

	AÑO 1	AÑO 2	AÑO 3	AÑO 4	AÑO 5	TOTAL
Principal	20.000,00	16.373,27	12.568,82	8.577,96	4.391,55	
Intereses	980,00	802,29	615,87	420,32	215,19	3.033,67
Amortización	3.626,73	3.804,44	3.990,86	4.186,41	4.391,55	20.000,00
Anualidad	4.606,73	4.606,73	4.606,73	4.606,73	4.606,73	23.033,67

Elaboración propia

6.3 ANÁLISIS DE INGRESOS Y GASTOS

Para el análisis de los ingresos y gastos de la consultoría BIM se han realizado distintos cuadros con las estimaciones de la facturación de la empresa por la prestación de servicios y un estudio pormenorizado de los gastos tanto para la puesta en marcha de la empresa como de los costes fijos de la misma.

6.3.1 INGRESOS PREVISTOS

Como estimación de los ingresos previstos se realiza una tabla con las estimaciones de los ingresos de los 5 primeros años separados en los dos principales servicios a realizar por la consultoría, la realización de modelos BIM y el asesoramiento a empresas en las distintas fases de los proyectos de edificación.

Tabla 10. Ingresos previstos

INGRESOS	AÑO 1	AÑO 2	AÑO 3	AÑO 4	AÑO 5
Realización de modelos BIM	120.000 €	126.000 €	132.000 €	144.000 €	156.000 €
Asesoramiento a empresas en las fases del proyecto	80.000 €	84.000 €	88.000 €	96.000 €	104.000 €
TOTAL	**200.000 €**	**210.000 €**	**220.000 €**	**240.000 €**	**260.000 €**

Elaboración propia

En el ANEXO VII se facilita el gráfico de tendencia donde se puede apreciar el aumento de los ingresos previstos durante los 5 años de estudio de este plan financiero.

Además de lo anterior, en el ANEXO VIII se establece la previsión de ingresos mensuales en cada uno de los 5 años de estudio para el plan de viabilidad empresarial de la consultoría BIM.

6.3.2 GASTOS PREVISTOS

En el apartado de los gastos previstos se prevén dos tipos de gastos, los gastos de constitución de la sociedad y los gastos fijos para la realización de la actividad empresarial.

6.3.2.1 GASTOS DE CONSTITUCIÓN DE LA SOCIEDAD

Los gastos previstos para la constitución de la empresa se analizan a través del Centro de Información y Red de Creación de Empresas (CIRCE) donde se pueden hacer todos los trámites por vía telemática (Sistema de Documento Único Electrónico (DUE)). Estos gastos ascienden a un importe de 310 € y se desglosan en el ANEXO IX.

6.3.2.2 GASTOS FIJOS PREVISTOS

Para el estudio de los gastos fijos previstos de la consultoría BIM se han desglosado en una serie de grupos de gastos:

- Gastos de personal: salarios de los dos socios, salarios de los tres trabajadores y las cuotas de RETA y Seguridad Social.
- Alquiler del local de oficina.
- Software informático.
- Renting de Hardware informático.
- Servicios contratados: agua, gas, basura, electricidad, fibra óptica, telefonía, servidor virtual y dominio, correos y estrategia SEO.
- Colegios profesionales.
- Seguros Mussat (responsabilidad civil en construcción) y el seguro multirriesgo.
- Varios: Impuestos IAE, AEPD, papelería y material de oficina.

El desglose de los gastos fijos se facilita en el ANEXO X.

Además, en el ANEXO XI se elabora el desglose previsional de los gastos mensuales de los 5 primeros años de la actividad de la consultoría BIM.

6.3.2.3 UMBRAL DE RENTABILIDAD

El umbral de rentabilidad o punto muerto es el punto en el que los ingresos se igualan a los costes de una empresa y una vez superado, la empresa empieza a generar beneficios. En el caso de una empresa de prestación de servicios como es el caso de la consultoría, el umbral de rentabilidad será el punto en el que los ingresos igualen a los costes fijos (a excepción del año 1 que habrá que añadir los costes de implantación iniciales y la inversión).

Tabla 11. Umbral de rentabilidad

UMBRAL DE RENTABILIDAD					
PAGOS	AÑO 1	AÑO 2	AÑO 3	AÑO 4	AÑO 5
Gastos de constitución de SLNE	310,00	-	-	-	-
Gastos del Plan de Marketing	319,95	-	-	-	-
Inversión Licencia Microsoft Windows 10 Pro	1.395,00	-	-	-	-
Gastos de personal	121.823,76	127.375,99	133.315,43	137.122,62	141.044,03
Alquileres	5.400,00	5.508,00	5.618,16	5.730,52	5.845,13
Software informático	7.566,09	7.566,09	7.566,09	7.566,09	7.566,09
Hardware informático	5.162,40	5.162,40	5.162,40	5.162,40	5.162,40
Servicios contratados	6.635,00	6.635,00	6.635,00	6.635,00	6.635,00
Colegios profesionales	754,76	754,76	754,76	754,76	754,76
Seguros	1.900,00	1.900,00	1.900,00	1.900,00	1.900,00
Varios	4.289,18	4.481,54	4.673,90	4.866,26	5.250,98
Gastos financieros	980,00	802,29	615,87	420,32	215,19
Devoluciones de préstamos	3.626,73	3.804,44	3.990,86	4.186,41	4.391,55
Pago Impuesto Beneficios	8.456,92	9.398,38	10.147,83	13.203,72	16.269,02
UMBRAL DE RENTABILIDAD	168.619,79	173.388,90	180.380,31	187.548,11	195.034,15

Elaboración propia

6.4 PLAN DE TESORERÍA

El plan de tesorería refleja las previsiones de ingresos y gastos anuales y el saldo de tesorería a final de año que se reflejará en el balance previsional. En el ANEXO XII se detallan los presupuestos de tesorería anuales y el gráfico de tendencia de los mismos.

6.5 CUENTA DE PÉRDIDAS Y GANANCIAS PREVISIONAL

En la tabla siguiente se muestran los resultados previsionales de las cuentas de pérdidas y ganancias de los 5 años de estudio. En el ANEXO XIII se facilita el desglose de la previsión de la cuenta de pérdidas y ganancias.

Tabla 12. Resumen de la Cuenta de pérdidas y ganancias					
	AÑO 1	**AÑO 2**	**AÑO 3**	**AÑO 4**	**AÑO 5**
Resultado del ejercicio	36.053,19 €	40.066,80 €	43.261,81 €	56.289,55 €	69.357,40 €

Elaboración propia

6.6 BALANCE PREVISIONAL

El balance previsional muestra el patrimonio con el que cuenta la empresa a 31 de Diciembre. En el ANEXO XIV se desglosan los balances previsionales de los 5 años de estudio.

Tabla 13. Resumen de los balances previsionales					
	AÑO 1	**AÑO 2**	**AÑO 3**	**AÑO 4**	**AÑO 5**
Activo = Patrimonio Neto + Pasivo	55.426,46 €	81.672,11 €	110.127,60 €	148.158,35 €	195.784,85 €

Elaboración propia

6.7 RATIOS ECONÓMICO-FINANCIEROS

Los ratios económicos analizan la situación económico-financiera de la empresa relacionando las distintas cuentas del balance y de la cuenta de pérdidas y ganancias de una empresa. En el ANEXO XV se detallan los ratios de liquidez, solvencia y rentabilidad de los 5 años de estudio.

6.8 VALOR ACTUAL NETO (VAN) Y TASA INTERNA DE RETORNO (TIR)

Valor Actualizado Neto (VAN): Es el valor actual de todos los flujos netos de caja, una vez descontado la inversión inicial. En el caso de la consultoría BIM, el VAN calculado es de 193.559,32 € lo que supone una estimación positiva del proyecto.

Tasa Interna de Retorno (TIR): Se define como la tasa de interés que hace que el VAN sea cero. En el caso estudiado, la TIR refleja un interés de 168,52 % lo que está muy por encima del coste del capital y del préstamo bancario solicitado (4,90%) y del rendimiento obtenido en una inversión financiera libre de riesgo (bono alemán), lo que supone una estimación positiva del proyecto.

En el ANEXO XVI se facilita el cálculo del VAN y de la TIR.

7 CONCLUSIONES, LIMITACIONES Y PLANES DE CONTINGENCIA

7.1 CONCLUSIONES

El sector de la construcción a pesar de haber sido el motor de la economía española en la década 1997-2007, es un sector muy artesanal que apenas ha innovado en las técnicas organizativas y de gestión.

Los agentes que intervienen en este sector son conscientes de los problemas de la falta de integración de la información en todo el PPC y cabe destacar la poca formación de los mismos, en herramientas de gestión de proyectos y sobre todo en la metodología BIM.

La implantación de la metodología BIM en España va a suponer un enorme cambio en la forma de gestionar el PPC y las empresas que no se adapten al nuevo entorno, no podrán realizar su actividad empresarial en él.

La metodología BIM mejora la eficiencia, eficacia y productividad del sector ya que realiza la actividad del PPC en un entorno colaborativo e integrador, desde la fase de diseño hasta la fase de explotación del edificio, analizando la viabilidad del proceso mediante simulaciones en modelos 3D y añadiendo en tiempo real toda la información necesaria de tiempos, costes, gestión ambiental y desarrollo del mantenimiento.

Se considera una oportunidad de negocio implantación de la consultoría BIM orientada a pequeños promotores, estudios de arquitectura y constructoras que por su escaso o nulo conocimiento en esta metodología de trabajo, necesitarán de un consultor externo para poder realizar su actividad profesional, una vez que el Ministerio de Fomento apruebe el uso obligatorio de BIM en las licitaciones públicas de edificación en el año 2018 y que inevitablemente se extenderá paulatinamente al sector privado.

A través de cada uno de los capítulos, se ha elaborado un análisis sobre la viabilidad empresarial de la consultoría BIM y su implantación en el mercado español.

Mediante el análisis externo e interno y sus resultados plasmados en la matriz DAFO, se aprecia que aunque el sector de la construcción sigue en un proceso de paralización y la oferta sigue siendo mayor a la demanda, la implantación de esta metodología puede ser una gran oportunidad de negocio por la poca formación de los trabajadores del sector en la misma.

A través del Plan de Marketing se detallan todas las medidas que se deben implantar para la consecución de clientes y su posterior fidelización. En este caso, al ser una empresa de prestación de servicios, la relación directa con el cliente será la principal medida para llevar a cabo su satisfacción y fidelización pero sin descuidar la presencia online mediante una web corporativa y la presencia en las principales redes sociales.

Con el desarrollo del Plan de Operaciones y del Plan de Organización y RR.HH. se detalla la forma jurídica más idónea para la consultoría que es la Sociedad Limitada Nueva Empresa (SLNE). Al ser una empresa de prestación de servicios la estructura de costes está basada en el valor del servicio al cliente, donde los principales costes son la contratación del personal técnico cualificado con alta formación en la metodología BIM y los recursos necesarios para la realización de la actividad profesional, que son inevitablemente el software informático BIM y el hardware informático de altas prestaciones.

A través la elaboración del Plan Financiero y el desarrollo de las cuentas anuales previsionales de los 5 primeros años de la actividad de la consultoría BIM, se puede concluir que la consultoría es viable desde el primer año, ya que la empresa obtiene beneficios de su actividad empresarial, incrementándose éstos hasta el año 5 de estudio. Los ratios económicos-financieros detallados en el ANEXO XV arrojan buenos resultados de liquidez, solvencia (muy bajo endeudamiento) y rentabilidad. Mediante el cálculo del VAN y del TIR se puede concluir que el proyecto empresarial tiene unos flujos netos de caja positivos (193.559,32 €) y que la Tasa Interna de Retorno (168,52 %) es muy superior al rendimiento obtenido por la inversión financiera considerada como libre de riesgo. También cabe destacar, que en los dos planes de contingencia establecidos en el apartado 7.3 de este capítulo con los planteamientos de una disminución e incremento del 20% de los ingresos anuales de la consultoría BIM y con sus correspondientes medidas correctoras, la empresa sigue teniendo un VAN positivo y una TIR superior a la inversión financiera libre de riesgo.

En resumen, el desarrollo de este ejercicio práctico para el análisis de la viabilidad empresarial de la consultoría ZS Consultores BIM, permite llegar a la conclusión de que el modelo de negocio establecido es viable.

7.2 LIMITACIONES

Las limitaciones que se observan en el diseño de este plan de negocio se refieren a la escasez de técnicos formados actualmente en la metodología BIM que puede complicar su necesaria contratación para la realización de la actividad empresarial.

Paralelamente, la amenaza de los competidores potenciales que se formen en la metodología BIM y que decidan implantar consultorías similares, puede hacer que disminuyan los ingresos previstos y la rentabilidad de la empresa. Será de sustancial importancia el tiempo de reacción de los competidores potenciales y la capacidad de ZS Consultores BIM de crear valor para sus clientes, ofrecer un servicio único y diferente para crear una cartera de clientes lo suficientemente fiel, cuando esta metodología se haya extendido y sea de utilización masiva en el sector de la Edificación.

7.3 PLANES DE CONTINGENCIA

Para la elaboración de los planes de contingencia se establecen dos situaciones empresariales que pueden plantear la necesidad de la implantación de medidas correctoras:

- **DISMINUCIÓN DE 20% DE LOS INGRESOS ANUALES**

  Se plantea la situación de una disminución de los ingresos de un 20%. Para ello se estudia cuál es el resultado del plan de tesorería, cuenta de resultados y balance previsional con la decisión de eliminar un puesto de trabajo o no.

  En el ANEXO XVII se presentan los estados económico-financieros con las premisas de la bajada de ingresos del 20% y la decisión de no eliminar un puesto de trabajo.

Tabla 14. Resumen Plan de contingencia 1 (sin eliminación de 1 puesto de trabajo)					
	AÑO 1	**AÑO 2**	**AÑO 3**	**AÑO 4**	**AÑO 5**
Resultado del ejercicio	3.653,19 €	6.046,80 €	7.621,81 €	17.409,55 €	27.237,40 €
VALOR ACTUAL NETO (VAN)	31.413,88 €	**TASA INTERNA DE RETORNO (TIR)**		31,69 %	
				Elaboración propia	

En el ANEXO XVIII se presentan los estados económico-financieros con las premisas de la bajada de ingresos del 20% y la decisión de eliminar un puesto de trabajo.

Tabla 15. Resumen Plan de contingencia 1 (con eliminación de 1 puesto de trabajo)					
	AÑO 1	**AÑO 2**	**AÑO 3**	**AÑO 4**	**AÑO 5**
Resultado del ejercicio	23.397,38 €	26.345,21 €	28.491,06 €	38.866,77 €	49.243,72 €
VALOR ACTUAL NETO (VAN)	123.894,53€	**TASA INTERNA DE RETORNO (TIR)**		112,93 %	
				Elaboración propia	

- **INCREMENTO DE 20% DE LOS INGRESOS ANUALES**

  Se plantea la situación de un incremento de los ingresos de un 20%. Para ello se estudia cuál es el resultado del plan de tesorería, cuenta de resultados y balance previsional con la decisión de incorporar un puesto de trabajo a la consultoría BIM.

  En el ANEXO XIX se presentan los estados económico-financieros con las premisas del incremento de ingresos del 20% y la decisión de incorporar un puesto de trabajo.

Tabla 16. Resumen Plan de contingencia 2 (incorporación de 1 puesto de trabajo)					
	AÑO 1	**AÑO 2**	**AÑO 3**	**AÑO 4**	**AÑO 5**
Resultado del ejercicio	46.795,13 €	51.778,82 €	55.927,30 €	71.511,38 €	87.078,74 €
VALOR ACTUAL NETO (VAN)	256.806,63€	**TASA INTERNA DE RETORNO (TIR)**		215,56 %	
				Elaboración propia	

8   REFERENCIAS BIBLIOGRÁFICAS Y NORMATIVAS

AIA (2013). *Guide, Instructions and Commentary to the 2013 AIA Digital Practice Documents*. Recuperado de http://aiad8.prod.acquia-sites.com/sites/default/files/2017-02/2013%20Digital%20Practice%20Documents%20Guide.pdf

Bañegil, T.M. Chamorro, A. Miranda, F.J. y Rubio, S. (2005). *Manual de Dirección de Operaciones.* Madrid: Ediciones Paraninfo, S.A.

BIM Task Group (2017). *Building Information Modelling (BIM) Task Group.* Recuperado el 13 de Abril de 2017 de http://www.bimtaskgroup.org/

BuildingSMART (2017). *BuildingSMART Spanish Chapter.* Recuperado el 15 de Abril de 2017 de https://www.buildingsmart.es

BuildingSMART Finland (2017). *Common BIM Requirements 2012.* Recuperado el 13 de Abril de 2017 de http://www.en.buildingsmart.kotisivukone.com/3

Cadiat, A. C. y Steffens, G. (2016). *El Análisis PESTEL. Asegúrese la continuidad de su negocio.* Madrid: 50 Minutos

Candelario, A. Cordero, P. y Reyes, A.M. (2016). *BIM. Diseño y Gestión de la Construcción.* Madrid: Ediciones Anaya Multimedia (Grupo Anaya, S.A.)

CIOB (2014).*Code of practice for project management for construction and development*, 5th Ed. Chartered Institute Of Building (CIOB). Chichester (UK): John Wiley & Sons.

CIRCE (2017). Ministerio de Economía, Industria y Competitividad. Gobierno de España (2017). *Centro de Información y Red de Creación de Empresas.* Recuperado el 11 de Junio de 2017 de http://portal.circe.es/es-ES/emprendedor/SLNE/Paginas/SociedadLtdaNuevaEmpresa.aspx

Clemente, Y. y Gutiérrez, H. (2017). *¿En qué provincias hay más paro?. Claves del mercado laboral 2016. El País.* Recuperado el 17 de Abril de 2017 de http://elpais.com/elpais/2017/01/26/media/1485444218_695832.html

CMAA (2010).*Construction Management Standards of Practice.* McLean, USA: Construction Management Association of America (CMAA).

Coulter, M. y Robbins, S.P. (2010). *Administración.* México: Pearson Educación.

Cuervo, A. (2008). *Introducción a la Administración de Empresas.* Navarra: Editorial Aranzadi.

David, F.R. (2003). *Conceptos de administración estratégica.* México: Pearson Educación.

Directiva 2010/31/UE, *de Eficiencia Energética de los edificios.* DOUE Serie L núm. 153, de 8/06/2010. Parlamento Europeo y Consejo.

esBIM (2017). *esBIM. Implantación del BIM en España.* Recuperado el 15 de Abril de 2017 de https://www.esbim.es

Fernández, A (2014). *Gestión de Recursos Humanos.* Madrid: Centro de Estudios Financieros (CEF)

Fuentes, B (2014). *Impacto de BIM en el proceso constructivo español.* Valencia: Servicios y Comunicación LGV.

Gobierno de Navarra (2017). *El Gobierno de Navarra convoca ayudas para empleo y formación por valor de 14,65 millones de euros.* Navarra.es. Recuperado el 20 de Abril de 2017 de https://www.navarra.es/home_es/Actualidad/Sala+de+prensa/Noticias/2017/01/18/Gobierno+concede+ayudas+empleo+y+formacion.htm

Gobierno de Navarra (2016). *Población a 1 de Enero de 2016.* Navarra.es. Recuperado el 18 de Abril de 2017 de https://www.navarra.es/home_es/Navarra/Asi+es+Navarra/Navarra+en+cifras/Demografia/poblacion.htm

González, I (2013). *Dirección Financiera.* Madrid: Centro de Estudios Financieros (CEF)

IETcc (2017). *Instituto de Ciencias de la Construcción Eduardo Torroja.* Recuperado el 18 de Abril de 2017 de http://www.ietcc.csic.es/index.php/es/

Instituto Nacional de Estadística (2017a). Notas de prensa del INE, de 26 de Enero de 2017. *Encuesta de Población Activa – Cuarto Trimestre de 2016.* Recuperado de http://www.ine.es/daco/daco42/daco4211/epa0416.pdf

Instituto Nacional de Estadística (2017b). Notas de prensa del INE, de 2 de Marzo de 2017. *Contabilidad Nacional Trimestral de España. Base 2010. Cuarto trimestre de 2016.* Recuperado de http://www.ine.es/prensa/cntr0416.pdf

Instituto Nacional de Estadística (2017c). Notas de prensa del INE, de 12 de Abril de 2017. *Índice de Precios al Consumo (IPC). Base 2016. Marzo 2017.* Recuperado de http://www.ine.es/daco/daco42/daco421/ipc0317.pdf

Instituto Nacional de Estadística (2016). Notas de prensa del INE, de 20 de Octubre de 2016. *Proyecciones de Población 2016-2066.* Recuperado de http://www.ine.es/prensa/np994.pdf

Latorre, A. Sanz, C. Sánchez, B. y Vidaurre, M. (2016). *Equiparación de LOD para su Aplicación en Edificación en España.* CONTART 2016: La Convención de la Edificación, 20-22 de Abril, 811-821.

Ley Foral 26/2016, *de 28 de diciembre, del Impuesto sobre Sociedades.* Boletín Oficial de Navarra, 13, de 28 de noviembre de 2016.

Ley 25/2009, *de 22 de diciembre, de modificación de diversas leyes para su adaptación a la Ley sobre el libre acceso a las actividades de servicios*. Boletín Oficial del Estado, 308, de 23 de diciembre de 2009.

Ley 38/1999, *de 5 de noviembre, de Ordenación de la Edificación (LOE)*. Boletín Oficial del Estado, 266, de 6 de noviembre de 1999.

Ministerio de Energía, Turismo y Agenda Digital. Secretaría de Estado de Energía. Gobierno de España (2017). *Energía y Desarrollo Sostenible*. Recuperado el 18 de Abril de 2017 de http://www.minetad.gob.es/energia/desarrollo/EficienciaEnergetica/CertificacionEnergetica/Paginas/certificacion.aspx

Ministerio de Fomento (2015). *El Ministerio de Fomento constituye la Comisión para la implantación de la metodología BIM*. Ministerio de Fomento. Recuperado el 14 de Abril de 2017: https://www.fomento.gob.es/MFOMBPrensa/Noticias/El-Ministerio-de-Fomento-constituye-la-Comisi%C3%B3n-la/1b9fde98-7d87-4aed-9a46-3ab230a2da4e

Osterwalder, A. y Pigneur, Y. (2011). *Generación de Modelos de Negocio*. Barcelona: Centro Libros PAPF, SLU.

Porter, M. (1980). *Estrategia Competitiva. Técnicas para el análisis de la empresa y sus competidores*. Madrid: Ediciones Pirámide.

Real Decreto Legislativo 1/2010, *de 2 de julio, por el que se aprueba el texto refundido de la Ley de Sociedades de Capital*. Boletín Oficial del Estado, 161, de 3 de julio de 2010.

Real Decreto 314/2006, *de 17 de marzo, por el que se aprueba el Código Técnico de la Edificación (CTE)*. Boletín Oficial del Estado, 74, de 28 de marzo de 2006

Resolución de 30 de diciembre de 2016, de la Dirección General de Empleo, por la que se registra y publica el *Convenio colectivo del sector de empresas de ingeniería y oficinas de estudios técnicos*. Boletín Oficial del Estado, 542, de 30 de diciembre de 2016

Sánchez, B. (2017). *Gestión de Obras de Edificación: Un modelo para la integración de la gestión de proyecto mediante un enfoque de sistemas*. (Doctorado). Universidad de Navarra, Pamplona.

Santesmases, M. (2012). *Marketing. Conceptos y estrategias*. Madrid: Ediciones Pirámide.

Universidad Internacional de La Rioja (2016). *Tema 1. La estrategia empresarial*. Asignatura: Dirección Estratégica y Política de Empresa 1. Grado de ADE. Material no publicado.

9 ANEXOS

9.1 ANEXO I. INVESTIGACIÓN EMPÍRICA DE LA TESIS DOCTORAL DE OBRAS DE EDIFICACIÓN: UN MODELO PARA LA INTEGRACIÓN DE LA GESTIÓN DE PROYECTO MEDIANTE UN ENFOQUE DE SISTEMAS (SÁNCHEZ, 2017)

PROBLEMAS EN LA GESTIÓN DE OBRAS											IOR: Índice de Ocurrencia Relativa (0-1)	
Recuento Positivo (1-5)	NS/NC		Frecuencia absoluta					Media	Desviación típica	Error típico	Intervalo de confianza @95%		IOR
	Frec. A.	%	1	2	3	4	5				Valor inferior	Valor superior	
05.01.02 - Proyecto incompleto o falta de información para la preparación de la oferta en la fase de adjudicación.													
470	0	0,00%	2	16	105	240	107	3,92	0,79	3,63%	3,85	3,99	0,78
05.01.07 - Poco interés en la implementación de nuevas metodologías de Gestión de Obras por parte del constructor.													
470	0	0,00%	18	76	186	148	42	3,26	0,96	4,43%	3,17	3,34	0,65
05.03.04 - Enfoque de gestión que no fomenta el espíritu de trabajo colaborativo.													
470	0	0,00%	20	140	164	121	25	2,98	0,97	4,47%	2,89	3,07	0,60
05.05.01 - Errores, contradicciones e incoherencias en y entre el contrato de obra, el proyecto de ejecución y/o proyectos parciales.													
470	0	0,00%	8	42	125	193	102	3,72	0,96	4,42%	3,63	3,81	0,74
05.05.03 - Mediciones del proyecto de ejecución deficientes y/o pocos precisos.													
470	0	0,00%	2	41	118	209	100	3,77	0,90	4,13%	3,69	3,86	0,75
05.06.02 - Deficiente proceso de programación de obras, cronogramas irrealistas, estimación de la duración de las actividades poco precisas, falta de planificación de hitos ó fechas importantes.													
469	1	0,21%	33	129	134	128	45	3,05	1,10	5,09%	2,95	3,15	0,61
05.06.04 - Retrasos en los trabajos subcontratados por el constructor.													
469	1	0,21%	16	95	188	142	28	3,15	0,93	4,28%	3,07	3,24	0,63
05.15.04 - Falta o escaso control de los canales de comunicación entre cliente/promotor y DF con el constructor.													
469	1	0,21%	26	148	189	87	19	2,84	0,93	4,28%	2,76	2,92	0,57
05.16.02 - Falta de evaluación y documentación de errores cometidos durante las obras y las medidas correctoras adoptadas.													
469	1	0,21%	15	84	125	167	78	3,45	1,06	4,91%	3,35	3,54	0,69

Adaptación de Sánchez, 2017

HERRAMIENTAS INFORMÁTICAS											IUR: Índice de Utilización Relativa (0-1)	
Recuento Positivo (0-5)	No conoce		Frecuencia absoluta					Media	Desviación típica	Error típico	Intervalo de confianza @95%		IUR
	Frec. A.	%	1	2	3	4	5				Valor inferior	Valor superior	
07.02.01 - Presto													
418	4	0,96%	17	7	36	94	260	4,34	1,00	4,89%	4,25	4,44	0,87
07.02.02 - Arquímedes													
418	24	5,74%	264	47	50	20	13	1,56	1,06	5,18%	1,46	1,66	0,31
07.02.03 - Microsoft Project													
418	2	0,48%	19	9	53	111	224	4,21	1,05	5,15%	4,11	4,31	0,84
07.02.04 - Microsoft Excel													
418	1	0,24%	2	3	6	46	360	4,81	0,53	2,57%	4,76	4,86	0,96

Adaptación de Sánchez, 2017

HERRAMIENTAS INFORMÁTICAS — IUR: Índice de Utilización Relativa (0-1)

Recuento Positivo (0-5)	No conoce		Frecuencia absoluta					Media	Desviación típica	Error típico	Intervalo de confianza @95%		IUR
	Frec. A.	%	1	2	3	4	5				Valor inferior	Valor superior	
07.02.05 - Microsoft Visio													
418	57	13,64%	263	44	23	10	21	1,35	1,05	5,15%	1,25	1,45	0,27
07.02.06 - Microsoft Office													
418	1	0,24%	5	4	9	58	341	4,73	0,66	3,23%	4,67	4,79	0,95
07.02.07 - Microsoft Project Server													
418	60	14,35%	238	37	19	25	39	1,59	1,32	6,45%	1,46	1,71	0,32
07.02.08 - Microsoft SharePoint Server													
418	66	15,79%	268	35	27	8	14	1,25	0,95	4,65%	1,16	1,34	0,25
07.02.09 - Microsoft TeamFoundation Server													
418	77	18,42%	290	31	13	5	2	1,01	0,62	3,02%	0,95	1,07	0,20
07.02.10 - Oracle Project Portfolio Management													
418	75	17,94%	295	30	13	3	2	1,00	0,58	2,85%	0,94	1,05	0,20
07.02.11 - Oracle Primavera Project Planner													
418	57	13,64%	277	23	24	23	14	1,33	1,05	5,13%	1,23	1,43	0,27
07.02.12 - Oracle Primavera RiskAnalysis													
418	76	18,18%	298	25	9	4	6	1,01	0,68	3,32%	0,94	1,07	0,20
07.02.13 - Oracle CrystalBall													
418	87	20,81%	307	18	3	2	1	0,87	0,43	2,11%	0,83	0,91	0,17
07.02.14 - Palisade @Risk													
418	88	21,05%	305	17	7	0	1	0,87	0,42	2,08%	0,83	0,91	0,17
07.02.15 - Mindjet													
418	87	20,81%	301	20	6	3	1	0,90	0,49	2,39%	0,85	0,95	0,18
07.02.16 - Podio													
418	87	20,81%	303	17	9	0	2	0,89	0,48	2,37%	0,85	0,94	0,18

Adaptación de Sánchez, 2017

HERRAMIENTAS INFORMÁTICAS BIM — IUR: Índice de Utilización Relativa (0-1)

Recuento Positivo (0-5)	No conoce		Frecuencia absoluta					Media	Desviación típica	Error típico	Intervalo de confianza @95%		IUR
	Frec. A.	%	1	2	3	4	5				Valor inferior	Valor superior	
07.03.01 - AllPlan													
418	84	20,10%	290	21	17	5	1	0,98	0,61	2,97%	0,92	1,03	0,20
07.03.02 - Revit													
418	68	16,27%	231	33	40	36	10	1,46	1,11	5,41%	1,36	1,57	0,29
07.03.03 - NavisWorks													
418	87	20,81%	276	19	19	11	6	1,06	0,81	3,98%	0,99	1,14	0,21
07.03.04 - ArchiCAD													
418	64	15,31%	217	26	35	34	42	1,72	1,39	6,77%	1,59	1,86	0,34
07.03.05 - Tekla													
418	89	21,29%	287	15	16	9	2	0,98	0,68	3,34%	0,92	1,05	0,20
07.03.06 - Bentley													
418	89	21,29%	290	15	18	5	1	0,95	0,61	2,98%	0,90	1,01	0,19

Adaptación de Sánchez, 2017

9.2 ANEXO II: MODELO DE NEGOCIO – MODELO CANVAS

SOCIOS CLAVE	ACTIVIDADES CLAVE	PROPUESTAS DE VALOR	RELACIONES CON LOS CLIENTES	SEGMENTOS DE CLIENTE
• Colegio de Arquitectos Vasco-Navarro. • Colegio de Aparejadores, Arquitectos Técnicos e Ingenieros de Edificación de Navarra. • Asociación de Constructores y Promotores de Navarra. • Fundación Laboral de la Construcción de Navarra	• Prestación de servicios BIM. • Resolución de problemas en todas las fases del PPC. • Promoción de la página web. **RECURSOS CLAVE** • Recurscs humanos con formación BIM. • Software específico BIM • Hardware informático recomendado.	• Novedad en el sector. • Personalización. • Experiencia en BIM. • Integración. • Colaboración eficaz y efectiva. • Mejora del rendimiento. • Compartición de riesgos y beneficios con BIM. • Análisis de viabilidad en todas las fases del proyecto. • Información completa. • Trazabilidad de toma de decisiones en todo PPC.	• Asistencia personal. • Orientada a la satisfacción del cliente. • Personalidad. • Adaptabilidad. • Propósito de fidelizar al cliente. **CANALES** • Primer contacto telefónico informativo. • Visitas personales. • Página web corporativa (posicionamiento SEO). • Redes sociales.	(Nicho de mercado) Sector de la Edificación, en concreto: • Pequeños promotores. • Estudios de arquitectura. • Constructoras. Todos ellos con escaso conocimiento en BIM.

ESTRUCTURA DE COSTES	FUENTES DE INGRESOS

• Estructura de costes basada en el valor del servicio al cliente.
• Elevados costes fijos de:
  o recursos humanos
  o software específico BIM.
	• Realización de modelos BIM
	• Asesoramiento a empresas durante las distintas fases del proyecto:
	  o Unificación en un único modelo 3D de las distintas partes del proyecto para la comprobación de errores y colisiones.
	  o Realización de mediciones y presupuestos mediante la vinculación de programa de modelado 3D.
	  o Planificación, programación inicial y actualización de la misma en función del avance de la obra con el modelo 3D.
	  o Cálculo de la eficiencia energética de aislamientos e instalaciones del proyecto.
	  o Gestión del mantenimiento de edificios

Elaboración propia

9.3 ANEXO III: ENCUESTA Y RESULTADOS DE ACEPTACIÓN DE LA IMPLANTACIÓN Y PRECIO / HORA DE LA ASESORÍA BIM.

La metodología BIM (Modelado de la información de la Construcción) consiste en crear, almacenar y gestionar toda la información de forma colaborativa, por todos los agentes que intervienen en el proceso Proyecto - Construcción, en un único archivo mediante un modelo 3D en el que se incluyen plazos, costes, información técnica, sostenibilidad e información para la explotación del edificio.

*Obligatorio

¿Qué profesión tiene usted dentro del sector de la edificación? *

◯ Arquitecto

◯ Aparejador / Arquitecto Técnico / Ingeniero de Edificación

◯ Promotor

◯ Constructor

¿Conoce usted la metodología BIM? *

☐ Sí

☐ No

¿Conoce usted que la metodología BIM va a ser obligatoria en 2018 en licitaciones públicas de edificación? *

☐ Sí

☐ No

¿Le parece oportuna e interesante la implantación de una consultoría que ofrezca los servicios de modelado 3D y la asesoría dentro de la metodología BIM en todas las fases del proceso Proyecto - Construcción? *

☐ Sí

☐ No

¿Qué precio por hora pagaría usted por un trabajo de asesoría BIM? *

☐ 80 €/hora

☐ 90 €/hora

☐ 100 €/hora

☐ 120 €/hora

Elaboración propia

RESULTADOS

¿Qué profesión tiene usted dentro del sector de la edificación?

55 respuestas

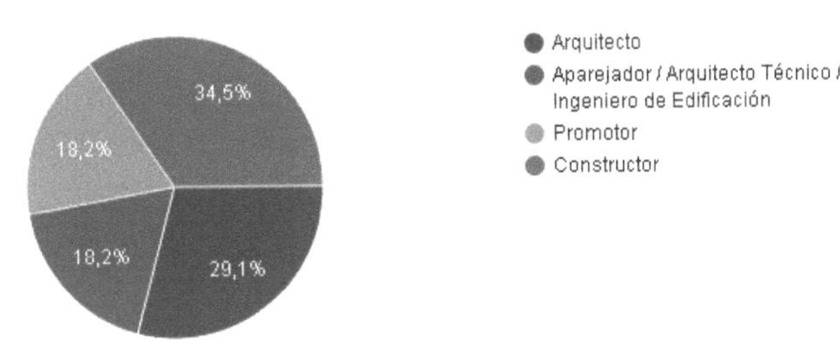

¿Conoce usted la metodología BIM?

55 respuestas

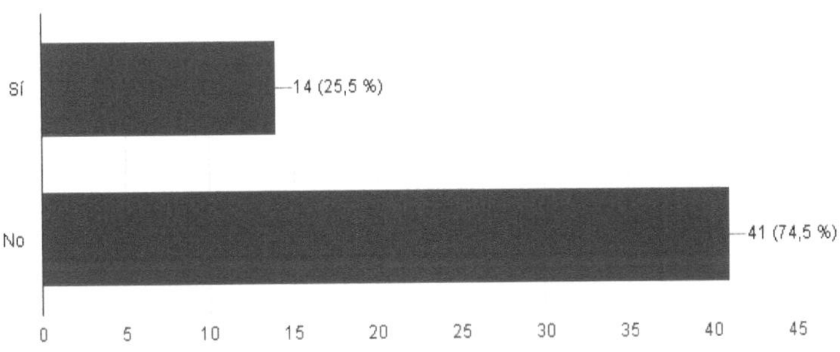

¿Conoce usted que la metodología BIM va a ser obligatoria en 2018 en licitaciones públicas de edificación?

55 respuestas

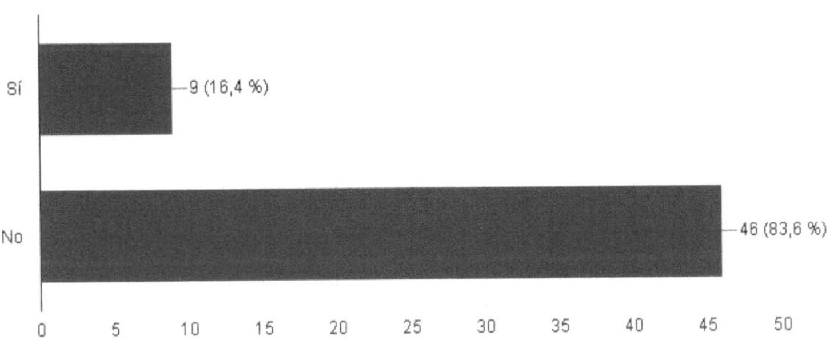

¿Le parece oportuna e interesante la implantación de una consultoría que ofrezca los servicios de modelado 3D y la asesoría dentro de la metodología BIM en todas las fases del proceso Proyecto - Construcción?

55 respuestas

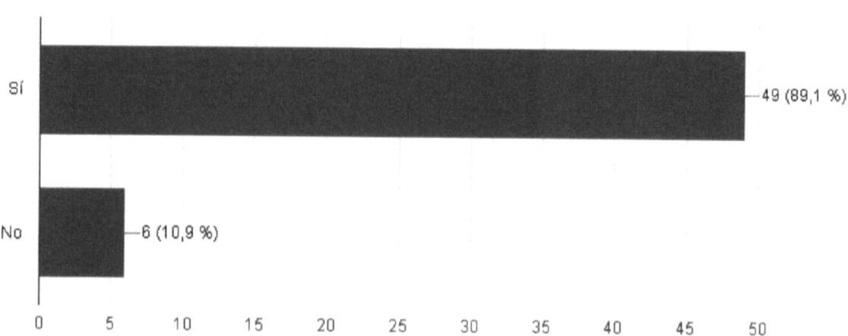

¿Qué precio por hora pagaría usted por un trabajo de asesoría BIM?

55 respuestas

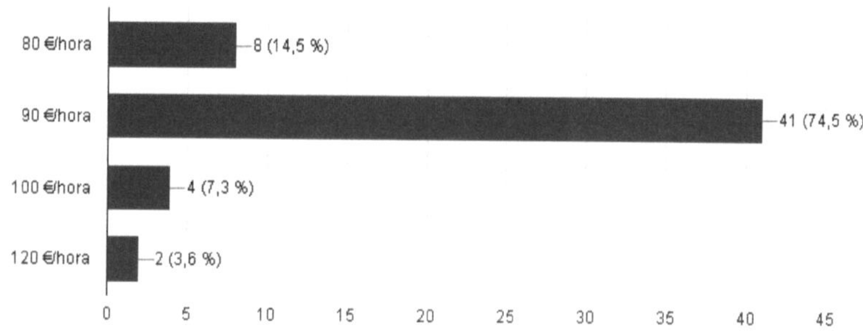

Elaboración propia

9.4 ANEXO IV: ESTUDIO DE MERCADO DE COLEGIOS PROFESIONALES Y ASOCIACIONES CON CLIENTES POTENCIALES

Colegio de Arquitectos Vasco-Navarro	907 colegiados en Navarra	http://www.coavna.com/listado-arquitectos/
Colegio de Aparejadores, Arquitectos Técnicos e Ingenieros de Edificación	792 colegiados en Navarra	http://www.coaatnavarra.org/
Asociación de Constructores y Promotores de Navarra	19 asociados	http://www.acpnavarra.com/web/home/wf_home.aspx
Asociación Navarra de Empresas de Construcción de Obras Públicas	9 asociados	http://www.anecop.es/asociados.php
Anuario de la construcción	Listado de empresas (actualizado cada 2 años)	http://www.anuariodelaconstruccion.com/

Elaboración propia

9.5 ANEXO V: IMAGEN DE LA PÁGINA WEB CORPORATIVA

TODO LO QUE BIM PUEDE HACER POR TÍ...

BIM aporta una manera innovadora de trabajar caracterizada por la confianza, la relación entre las personas que constituyen el equipo y su filosofía de carácter colaborativo, en la que las distintas partes involucradas trabajan de una manera interactiva. BIM es un proceso que permite identificar, analizar, documentar y evaluar, mediante representaciones virtuales, las características físicas y funcionales de un Edificio que, durante la redacción del proyecto técnico y la construcción, se revisan iterativamente. BIM posibilita compartir los datos e información entre todos los agentes del proceso edificatorio y cualquier otro participante a lo largo de todo el ciclo de vida del edificio, aportando una plataforma de datos coherentes, estructurados e idóneos, que permite un proceso inteligente de toma de decisiones en base a información confiable en todas las fases del PPC. La gestión de la información que posibilita implica grandes beneficios.

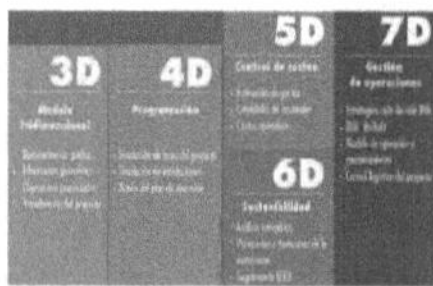

La gestión de BIM se divide en 7 Dimensiones:
-3D Modelo TRidimensional
-4D Programación de plazos
-5D Control de costes
-6D Sostenibilidad
-7D Gestión de operaciones y explotación

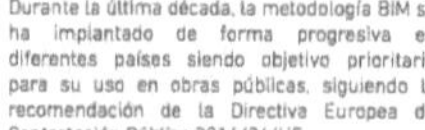

Durante la última década, la metodología BIM se ha implantado de forma progresiva en diferentes países siendo objetivo prioritario para su uso en obras públicas, siguiendo la recomendación de la Directiva Europea de Contratación Pública 2014/24/UE.

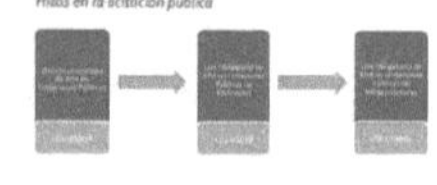

En el caso de España, en el año 2015 se creó la comisión BIM a través del Ministerio de Fomento, con el fin de acelerar la implantación del uso obligatorio de la metodología BIM para finales de 2018 en licitaciones públicas de Edificación.

Este sitio fue creado con WIX.com. Crea tu página web GRATIS >>

ZS CONSULTORES BIM

ZS Consultores BIM es una empresa situada en Pamplona formada por un conjunto de profesionales del sector de la edificación expertos en el uso de metodologías BIM (Building Information Modeling - Modelado de la Información de la Edificación), aplicadas a todas las fases del ciclo de vida de los edificios. La consultoría BIM se dirige a pequeños promotores, estudios de arquitectura y constructoras que, por su escaso conocimiento en BIM, si no subcontratan este tipo de servicios, no podrán intervenir en un corto plazo en licitaciones públicas por la obligatoriedad de su uso.

Equipo de trabajo

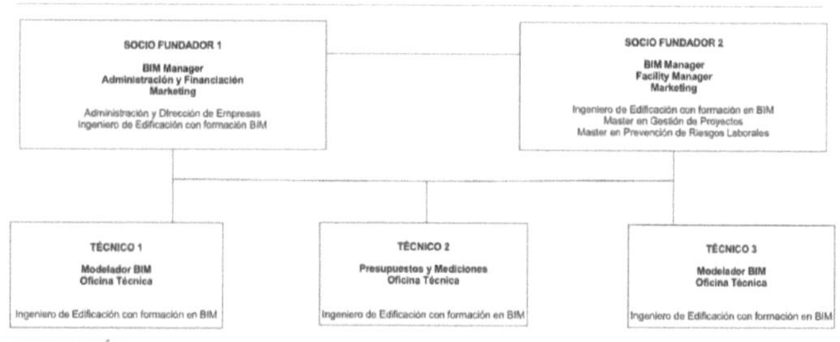

COLEGIACIÓN

Los socios fundadores están colegiados en el Colegio de Aparejadores, Arquitectos Técnicos e Ingenieros de Edificación de Navarra
Socio Fundador 1: N° de colegiado XXXX
Socio Fundador 2: N° de colegiado XXXX

Este sitio fue creado con WIX.com. Crea tu página web GRATIS >>

REALIZACIÓN DE MODELOS BIM Y ASESORAMIENTO A EMPRESAS

Realización de modelos BIM y asesoramiento a empresas durante las distintas fases del proyecto (según los requerimientos del contrato).

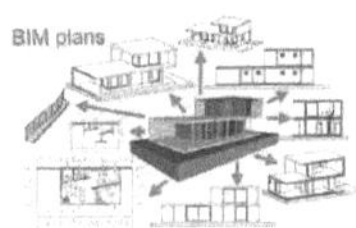

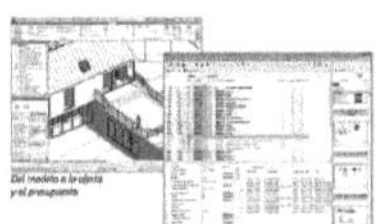

Realización de modelos BIM a partir del proyecto realizado según el método tradicional (planos realizados con Autocad 2D) y facilitados en formato papel o PDF.

Unificación en un único modelo 3D de las distintas partes del proyecto (estructura, arquitectura e instalaciones) para la comprobación de errores y colisiones entre ellos.

Realización de mediciones y presupuestos mediante la vinculación de programa de modelado 3D, con el programa de cálculo dando como resultado unas mediciones exactas al modelo y evitando las duplicidades y errores en obra.

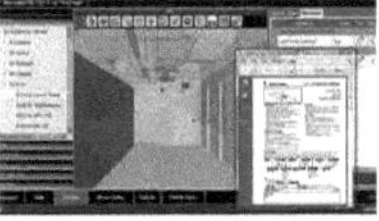

Planificación, programación inicial y actualización de la misma en función del avance de la obra, mediante la vinculación del modelo 3D con herramientas de gestión (Diagramas de Gantt)

Cálculo de la eficiencia energética de aislamientos e instalaciones del proyecto para prever el funcionamiento de las mismas en la fase de ejecución de obra y mantenimiento de la edificación.

Gestión del mantenimiento de edificios mediante la actualización del modelo ya construido (as-built) para la gestión de la asignación de espacios, de la asistencia técnica de equipos y pruebas a realizar a las instalaciones.

Este sitio fue creado con WIX.com. Crea tu página web GRATIS >>

CONTACTO

Tel fijo: XXX XXX XXX
Móvil 1: XXX XXX XXX
Móvil 2: XXX XXX XXX

Paseo Sandua 153
C.P. 31012 Pamplona
(Navarra)
info@zsconsultoresbim.com

Nombre	Mensaje
Email	
Asunto	
	Send

Este sitio fue creado con WIX.com. Crea tu página web GRATIS >>

Elaboración propia

9.6   ANEXO VI: PLANO DE DISTRIBUCIÓN DE LA OFICINA

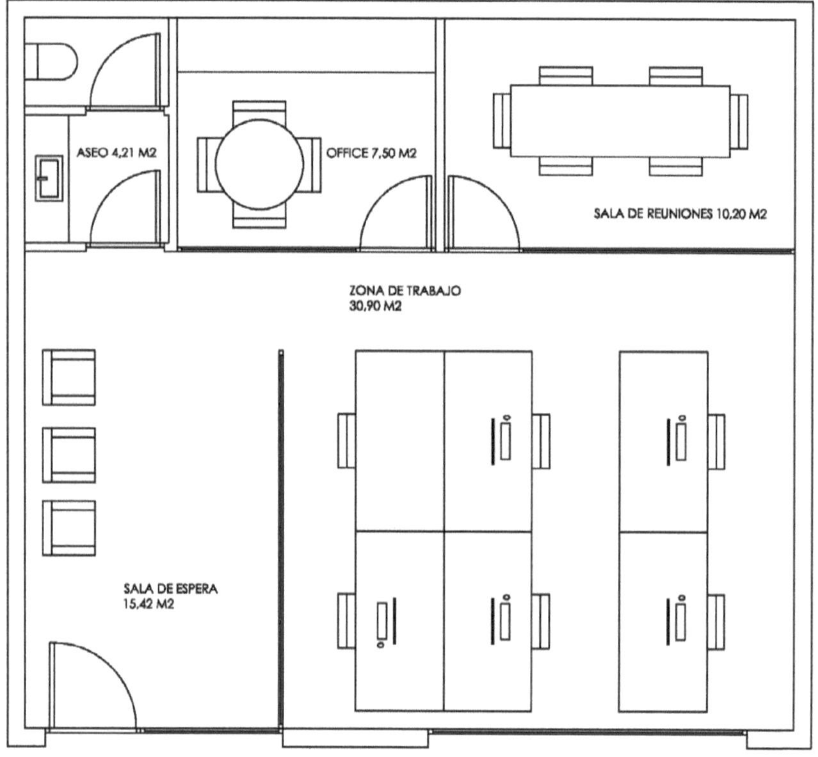

Elaboración propia

9.7 ANEXO VII: DESGLOSE DE INGRESOS PREVISTOS Y GRÁFICO DE TENDENCIA

INGRESOS	AÑO 1	AÑO 2	AÑO 3	AÑO 4	AÑO 5
Realización de modelos BIM	120.000 €	126.000 €	132.000 €	144.000 €	156.000 €
Asesoramiento a empresas en las fases del proyecto	80.000 €	84.000 €	88.000 €	96.000 €	104.000 €
TOTAL	200.000 €	210.000 €	220.000 €	240.000 €	260.000 €

Elaboración propia

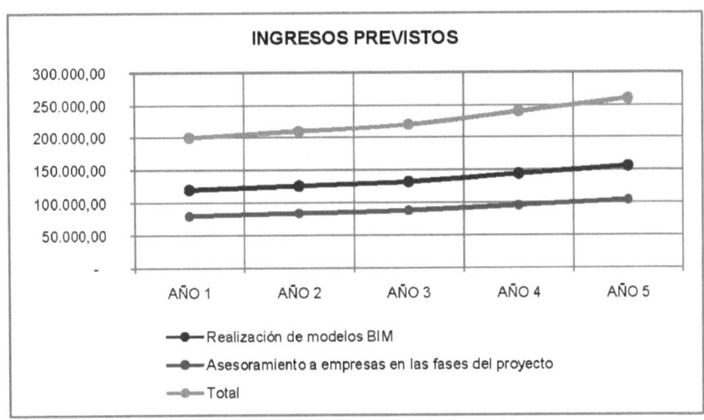

Elaboración propia

9.8   ANEXO VIII: DESGLOSE DE INGRESOS MENSUALES

INGRESOS AÑO 1

Nombre del servicio	ANUAL	MES 1	MES 2	MES 3	MES 4	MES 5	MES 6	MES 7	MES 8	MES 9	MES 10	MES 11	MES 12
Realización de modelos BIM	120.000,00	5.000,00	7.000,00	8.000,00	7.000,00	7.000,00	12.000,00	8.000,00	9.000,00	12.000,00	15.000,00	20.000,00	10.000,00
Asesoramiento a empresas	80.000,00	3.000,00	5.000,00	7.000,00	5.000,00	6.000,00	8.500,00	4.000,00	5.000,00	8.000,00	9.000,00	11.500,00	8.000,00

INGRESOS AÑO 2

Nombre del servicio	ANUAL	MES 1	MES 2	MES 3	MES 4	MES 5	MES 6	MES 7	MES 8	MES 9	MES 10	MES 11	MES 12
Realización de modelos BIM	126.000,00	7.500,00	10.000,00	9.000,00	7.000,00	6.000,00	10.000,00	9.000,00	8.000,00	13.000,00	16.000,00	19.500,00	11.000,00
Asesoramiento a empresas	84.000,00	2.500,00	5.500,00	7.000,00	6.500,00	5.500,00	7.000,00	5.000,00	5.500,00	9.500,00	9.500,00	12.000,00	8.500,00

INGRESOS AÑO 3

Nombre del servicio	ANUAL	MES 1	MES 2	MES 3	MES 4	MES 5	MES 6	MES 7	MES 8	MES 9	MES 10	MES 11	MES 12
Realización de modelos BIM	132.000,00	8.000,00	11.000,00	7.500,00	8.000,00	9.500,00	10.500,00	8.500,00	8.500,00	13.500,00	15.500,00	20.000,00	11.500,00
Asesoramiento a empresas	88.000,00	3.000,00	5.500,00	8.000,00	7.500,00	5.750,00	7.500,00	5.000,00	6.000,00	9.500,00	9.750,00	11.000,00	9.500,00

INGRESOS AÑO 4

Nombre del servicio	ANUAL	MES 1	MES 2	MES 3	MES 4	MES 5	MES 6	MES 7	MES 8	MES 9	MES 10	MES 11	MES 12
Realización de modelos BIM	144.000,00	9.000,00	11.000,00	9.500,00	9.500,00	10.000,00	10.500,00	9.500,00	9.000,00	14.500,00	16.000,00	21.000,00	14.500,00
Asesoramiento a empresas	96.000,00	4.500,00	6.500,00	9.000,00	7.500,00	6.000,00	8.500,00	5.500,00	6.500,00	10.500,00	10.500,00	11.000,00	10.000,00

INGRESOS AÑO 5

Nombre del servicio	ANUAL	MES 1	MES 2	MES 3	MES 4	MES 5	MES 6	MES 7	MES 8	MES 9	MES 10	MES 11	MES 12
Realización de modelos BIM	156.000,00	10.000,00	12.500,00	9.500,00	10.500,00	11.000,00	12.500,00	10.250,00	8.500,00	17.500,00	16.750,00	21.500,00	15.500,00
Asesoramiento a empresas	104.000,00	5.500,00	7.500,00	9.250,00	8.000,00	6.500,00	9.500,00	6.500,00	6.500,00	12.500,00	12.750,00	10.500,00	9.000,00

Elaboración propia

9.9   ANEXO IX: DESGLOSE DE GASTOS DE CONSTITUCIÓN DE LA SLNE

SISTEMA DE DOCUMENTO ÚNICO ELECTRÓNICO (DUE)	GASTOS
Trámite previo:	
Aportación de capital (3.000 €)	
Cumplimiento del DUE	
Escritura de constitución de la sociedad en notaría	100 €
Solicitud del NIF profesional	
Impuesto de Actos Jurídicos Documentados (1% del Capital Social)	30 €
Inscripción en el Registro Mercantil	150 €
Tramites en la Seguridad Social	
Expedición de la escritura inscrita	
Solicitud del NIF definitivo de la sociedad	
Trámites complementarios	
Inscripción de ficheros de carácter personal en la Agencia Española de Protección de Datos	
Solicitud de reserva de Marca o Nombre Comercial en la Oficina Española de Patentes y Marcas	
La comunicación de los contratos de trabajo al Servicio Público de Empleo Estatal.	
Trámites no incluidos en CIRCE	
La comunicación de la apertura del Centro de Trabajo en caso de tener contratados trabajadores.	
La obtención y legalización de los libros.	30 €
Inscripción, en su caso, en otros organismos oficiales y/o registros.	
TOTAL	**310 €**

CIRCE, 2017

9.10 ANEXO X: DESGLOSE DE GASTOS FIJOS

Personal	AÑO 1	AÑO 2	AÑO 3	AÑO 4	AÑO 5
Salarios brutos de los 2 socios	51.199,92	52.735,92	54.318,00	55.947,53	57.625,96
Salarios brutos de los 3 trabajadores	52.632,00	54.210,96	55.837,29	57.512,41	59.237,78
Cuotas RETA (2 socios)	2.202,24	4.165,82	6.408,96	6.408,96	6.408,96
Cuotas Seguridad Social	15.789,60	16.263,29	16.751,19	17.253,72	17.771,33
TOTAL GASTOS DE PERSONAL	121.823,76	127.375,99	133.315,43	137.122,62	141.044,03

Incremento salarial anual	3,00%
Cuotas Seguridad Social	30,00%

Alquileres	AÑO 1	AÑO 2	AÑO 3	AÑO 4	AÑO 5
Alquiler de local oficina	5.400,00	5.508,00	5.618,16	5.730,52	5.845,13
Subida anual	2,00%				

Otros gastos (Anuales)

Software informático	AÑO 1	AÑO 2	AÑO 3	AÑO 4	AÑO 5
Autodesk Colección AIC	3.545,30	3.545,30	3.545,30	3.545,30	3.545,30
Autodesk Revit LT	1.776,00	1.776,00	1.776,00	1.776,00	1.776,00
Rib Spain Presto + Cost It	540,00	540,00	540,00	540,00	540,00
Rib Spain Presto Gestión Proyectos	289,00	289,00	289,00	289,00	289,00
Microsoft Office 365 Empresa	630,00	630,00	630,00	630,00	630,00
Adobe Acrobat PDF Pack	303,00	303,00	303,00	303,00	303,00
Sage Contaplus Profesional	482,79	482,79	482,79	482,79	482,79
TOTAL SOFTWARE INFORMÁTICO	7.566,09	7.566,09	7.566,09	7.566,09	7.566,09

Hardware informático	AÑO 1	AÑO 2	AÑO 3	AÑO 4	AÑO 5
Renting de CPU+Monitor+Ratón	3.600,00	3.600,00	3.600,00	3.600,00	3.600,00
Renting impresora láser multifunción	900,00	900,00	900,00	900,00	900,00
Renting plotter planos	662,40	662,40	662,40	662,40	662,40
TOTAL HARDWARE INFORMÁTICO	5.162,40	5.162,40	5.162,40	5.162,40	5.162,40

Servicios contratados	AÑO 1	AÑO 2	AÑO 3	AÑO 4	AÑO 5
Agua	600,00	600,00	600,00	600,00	600,00
Gas	720,00	720,00	720,00	720,00	720,00
Basura	125,00	125,00	125,00	125,00	125,00
Electricidad	1.200,00	1.200,00	1.200,00	1.200,00	1.200,00
Fibra óptica	960,00	960,00	960,00	960,00	960,00
Telefonía (1 línea fija y 2 líneas móviles)	1.800,00	1.800,00	1.800,00	1.800,00	1.800,00
Servidor Virtual (Cloud)	1.080,00	1.080,00	1.080,00	1.080,00	1.080,00
Dominio, correos y estrategia SEO	150,00	150,00	150,00	150,00	150,00
TOTAL SERVICIOS CONTRATADOS	6.635,00	6.635,00	6.635,00	6.635,00	6.635,00

Colegios profesionales	AÑO 1	AÑO 2	AÑO 3	AÑO 4	AÑO 5
Colegio de Aparejadores, Arquitectos Técnicos e Ingenieros de Edificación	624,00	624,00	624,00	624,00	624,00
Colegio de Economistas de Navarra	130,76	130,76	130,76	130,76	130,76
TOTAL COLEGIOS PROFESIONALES	754,76	754,76	754,76	754,76	754,76

Seguros	AÑO 1	AÑO 2	AÑO 3	AÑO 4	AÑO 5
Musaat (Seguro de Responsabilidad civil en construcción)	1.600,00	1.600,00	1.600,00	1.600,00	1.600,00
Seguro multirriesgo empresarial y responsabilidad civil	300,00	300,00	300,00	300,00	300,00
TOTAL SEGUROS	1.900,00	1.900,00	1.900,00	1.900,00	1.900,00

Varios	AÑO 1	AÑO 2	AÑO 3	AÑO 4	AÑO 5
Impuesto de Actividades Económicas	291,98	291,98	291,98	291,98	291,98
Cuota de la Agencia Española de Protección de Datos	150,00	150,00	150,00	150,00	150,00
Pago de impresiones multifunción	799,20	839,16	879,12	919,08	999,00
Pago de impresiones plotter	648,00	680,40	712,80	745,20	810,00
Papelería y material de oficina	2.400,00	2.520,00	2.640,00	2.760,00	3.000,00
TOTAL VARIOS	4.289,18	4.481,54	4.673,90	4.866,26	5.250,98
TOTAL GASTOS FIJOS	153.531,19	159.383,78	165.625,74	169.737,66	174.158,40

Elaboración propia

9.11 ANEXO XI: DESGLOSES DE GASTOS MENSUALES

DESGLOSE DE GASTOS MENSUALES AÑO 1

Número de empleados	MES 1	MES 2	MES 3	MES 4	MES 5	MES 6	MES 7	MES 8	MES 9	MES 10	MES 11	MES 12
Salarios brutos de los 2 socios	4.266,66	4.266,66	4.266,66	4.266,66	4.266,66	4.266,66	4.266,66	4.266,66	4.266,66	4.266,66	4.266,66	4.266,66
Salarios brutos de los 3 trabajadores	4.386,00	4.386,00	4.386,00	4.386,00	4.386,00	4.386,00	4.386,00	4.386,00	4.386,00	4.386,00	4.386,00	4.386,00
Cuotas RETA (2 socios)	100,00	100,00	100,00	100,00	100,00	100,00	267,04	267,04	267,04	267,04	267,04	267,04
Cuotas Seguridad Social	1.315,80	1.315,80	1.315,80	1.315,80	1.315,80	1.315,80	1.315,80	1.315,80	1.315,80	1.315,80	1.315,80	1.315,80
TOTAL GASTOS DE PERSONAL	**10.068,46**	**10.068,46**	**10.068,46**	**10.068,46**	**10.068,46**	**10.068,46**	**10.235,50**	**10.235,50**	**10.235,50**	**10.235,50**	**10.235,50**	**10.235,50**

Alquileres	MES 1	MES 2	MES 3	MES 4	MES 5	MES 6	MES 7	MES 8	MES 9	MES 10	MES 11	MES 12
Alquiler de local oficina	450,00	450,00	450,00	450,00	450,00	450,00	450,00	450,00	450,00	450,00	450,00	450,00

Gastos de constitución de SLNE	MES 1	MES 2	MES 3	MES 4	MES 5	MES 6	MES 7	MES 8	MES 9	MES 10	MES 11	MES 12
Gastos de constitución SLNE	310,00	-	-	-	-	-	-	-	-	-	-	-

Gastos del Plan de Marketing	MES 1	MES 2	MES 3	MES 4	MES 5	MES 6	MES 7	MES 8	MES 9	MES 10	MES 11	MES 12
Elaboración de logo de empresa	19,95	-	-	-	-	-	-	-	-	-	-	-
Placa de empresa en fachada	300,00	-	-	-	-	-	-	-	-	-	-	-
TOTAL GASTOS DE MARKETING	**319,95**	**-**	**-**	**-**	**-**	**-**	**-**	**-**	**-**	**-**	**-**	**-**

Otros gastos (Anuales)

Software informático	MES 1	MES 2	MES 3	MES 4	MES 5	MES 6	MES 7	MES 8	MES 9	MES 10	MES 11	MES 12
Autodesk Colección AIC	3.545,30	-	-	-	-	-	-	-	-	-	-	-
Autodesk Revit LT	1.776,00	-	-	-	-	-	-	-	-	-	-	-
Rib Spain Presto + Cost It	540,00	-	-	-	-	-	-	-	-	-	-	-
Rib Spain Presto Gestión Proyectos	289,00	-	-	-	-	-	-	-	-	-	-	-
Microsoft Office 365 Empresa	52,50	52,50	52,50	52,50	52,50	52,50	52,50	52,50	52,50	52,50	52,50	52,50
Adobe Acrobat PDF Pack	25,25	25,25	25,25	25,25	25,25	25,25	25,25	25,25	25,25	25,25	25,25	25,25
Sage Contaplus Profesional	482,79	-	-	-	-	-	-	-	-	-	-	-
TOTAL SOFTWARE INFORMÁTICO	**6.710,84**	**77,75**	**77,75**	**77,75**	**77,75**	**77,75**	**77,75**	**77,75**	**77,75**	**77,75**	**77,75**	**77,75**

Hardware informático	MES 1	MES 2	MES 3	MES 4	MES 5	MES 6	MES 7	MES 8	MES 9	MES 10	MES 11	MES 12
Renting de CPU+Monitor+Ratón	300,00	300,00	300,00	300,00	300,00	300,00	300,00	300,00	300,00	300,00	300,00	300,00
Renting impresora laser multifunción	75,00	75,00	75,00	75,00	75,00	75,00	75,00	75,00	75,00	75,00	75,00	75,00
Renting plotter planos	55,20	55,20	55,20	55,20	55,20	55,20	55,20	55,20	55,20	55,20	55,20	55,20
TOTAL HARDWARE INFORMÁTICO	**430,20**	**430,20**	**430,20**	**430,20**	**430,20**	**430,20**	**430,20**	**430,20**	**430,20**	**430,20**	**430,20**	**430,20**

Servicios contratados	MES 1	MES 2	MES 3	MES 4	MES 5	MES 6	MES 7	MES 8	MES 9	MES 10	MES 11	MES 12
Agua	50,00	50,00	50,00	50,00	50,00	50,00	50,00	50,00	50,00	50,00	50,00	50,00
Gas	175,00	150,00	60,00	30,00	15,00	15,00	15,00	15,00	15,00	30,00	80,00	120,00
Basura	10,42	10,42	10,42	10,42	10,42	10,42	10,42	10,42	10,42	10,42	10,42	10,42
Electricidad	100,00	100,00	100,00	100,00	100,00	100,00	100,00	100,00	100,00	100,00	100,00	100,00
Fibra óptica	80,00	80,00	80,00	80,00	80,00	80,00	80,00	80,00	80,00	80,00	80,00	80,00
Telefonía (1 línea fija y 2 líneas móviles)	150,00	150,00	150,00	150,00	150,00	150,00	150,00	150,00	150,00	150,00	150,00	150,00
Servidor Virtual (Cloud)	90,00	90,00	90,00	90,00	90,00	90,00	90,00	90,00	90,00	90,00	90,00	90,00
Dominio, correos y estrategia SEO	12,50	12,50	12,50	12,50	12,50	12,50	12,50	12,50	12,50	12,50	12,50	12,50
TOTAL SERVICIOS CONTRATADOS	**667,92**	**642,92**	**552,92**	**522,92**	**507,92**	**507,92**	**507,92**	**507,92**	**507,92**	**522,92**	**572,92**	**612,92**

Colegios profesionales	MES 1	MES 2	MES 3	MES 4	MES 5	MES 6	MES 7	MES 8	MES 9	MES 10	MES 11	MES 12
Colegio de Aparejadores, Arquitectos	156,00	-	-	-	156,00	-	-	-	156,00	-	-	156,00
Colegio de Economistas de Navarra	65,38	-	-	-	-	65,38	-	-	-	-	-	-
TOTAL COLEGIOS PROFESIONALES	**221,38**	**-**	**-**	**-**	**156,00**	**65,38**	**-**	**-**	**156,00**	**-**	**-**	**156,00**

Seguros	MES 1	MES 2	MES 3	MES 4	MES 5	MES 6	MES 7	MES 8	MES 9	MES 10	MES 11	MES 12
Musaat	800,00	-	-	-	-	800,00	-	-	-	-	-	-
responsabilidad civil	150,00	-	-	-	-	150,00	-	-	-	-	-	-
TOTAL SEGUROS	**950,00**	**-**	**-**	**-**	**-**	**950,00**	**-**	**-**	**-**	**-**	**-**	**-**

Varios	MES 1	MES 2	MES 3	MES 4	MES 5	MES 6	MES 7	MES 8	MES 9	MES 10	MES 11	MES 12
Impuesto de Actividades Económicas	145,99	-	-	-	-	145,99	-	-	-	-	-	-
Cuota de la AEPD	150,00	-	-	-	-	-	-	-	-	-	-	-
Pago de impresiones multifunción	66,60	66,60	66,60	66,60	66,60	66,60	66,60	66,60	66,60	66,60	66,60	66,60
Pago de impresiones plotter	54,00	54,00	54,00	54,00	54,00	54,00	54,00	54,00	54,00	54,00	54,00	54,00
Papelería y material de oficina	200,00	200,00	200,00	200,00	200,00	200,00	200,00	200,00	200,00	200,00	200,00	200,00
TOTAL VARIOS	**615,59**	**320,60**	**320,60**	**320,60**	**320,60**	**466,59**	**320,60**	**320,60**	**320,60**	**320,60**	**320,60**	**320,60**

TOTAL GASTOS FIJOS	**20.745,34**	**11.989,93**	**11.899,93**	**11.869,93**	**12.010,93**	**13.016,30**	**12.021,97**	**12.021,97**	**12.177,97**	**12.036,97**	**12.086,97**	**12.282,97**

Elaboración propia

DESGLOSE DE GASTOS MENSUALES AÑO 2

Número de empleados	MES 1	MES 2	MES 3	MES 4	MES 5	MES 6	MES 7	MES 8	MES 9	MES 10	MES 11	MES 12
Salarios brutos de los 2 socios	4.394,66	4.394,66	4.394,66	4.394,66	4.394,66	4.394,66	4.394,66	4.394,66	4.394,66	4.394,66	4.394,66	4.394,66
Salarios brutos de los 3 trabajadores	4.517,58	4.517,58	4.517,58	4.517,58	4.517,58	4.517,58	4.517,58	4.517,58	4.517,58	4.517,58	4.517,58	4.517,58
Cuotas RETA (2 socios)	160,22	160,22	160,22	160,22	160,22	160,22	534,08	534,08	534,08	534,08	534,08	534,08
Cuotas Seguridad Social	1.355,27	1.355,27	1.355,27	1.355,27	1.355,27	1.355,27	1.355,27	1.355,27	1.355,27	1.355,27	1.355,27	1.355,27
TOTAL GASTOS DE PERSONAL	10.427,74	10.427,74	10.427,74	10.427,74	10.427,74	10.427,74	10.801,59	10.801,59	10.801,59	10.801,59	10.801,59	10.801,59

Alquileres	MES 1	MES 2	MES 3	MES 4	MES 5	MES 6	MES 7	MES 8	MES 9	MES 10	MES 11	MES 12
Alquiler de local oficina	459,00	459,00	459,00	459,00	459,00	459,00	459,00	459,00	459,00	459,00	459,00	459,00

Otros gastos (Anuales)

Software informático	MES 1	MES 2	MES 3	MES 4	MES 5	MES 6	MES 7	MES 8	MES 9	MES 10	MES 11	MES 12
Autodesk Colección AIC	3.545,30	-	-	-	-	-	-	-	-	-	-	-
Autodesk Revit LT	1.776,00	-	-	-	-	-	-	-	-	-	-	-
Rib Spain Presto + Cost It	540,00	-	-	-	-	-	-	-	-	-	-	-
Rib Spain Presto Gestión Proyectos	289,00	-	-	-	-	-	-	-	-	-	-	-
Microsoft Office 365 Empresa	52,50	52,50	52,50	52,50	52,50	52,50	52,50	52,50	52,50	52,50	52,50	52,50
Adobe Acrobat PDF Pack	25,25	25,25	25,25	25,25	25,25	25,25	25,25	25,25	25,25	25,25	25,25	25,25
Sage Contaplus Profesional	482,79	-	-	-	-	-	-	-	-	-	-	-
TOTAL SOFTWARE INFORMÁTICO	6.710,84	77,75	77,75	77,75	77,75	77,75	77,75	77,75	77,75	77,75	77,75	77,75

Hardware informático	MES 1	MES 2	MES 3	MES 4	MES 5	MES 6	MES 7	MES 8	MES 9	MES 10	MES 11	MES 12
Renting de CPU+Monitor+Ratón	300,00	300,00	300,00	300,00	300,00	300,00	300,00	300,00	300,00	300,00	300,00	300,00
Renting impresora láser multifunción	75,00	75,00	75,00	75,00	75,00	75,00	75,00	75,00	75,00	75,00	75,00	75,00
Renting plotter planos	55,20	55,20	55,20	55,20	55,20	55,20	55,20	55,20	55,20	55,20	55,20	55,20
TOTAL HARDWARE INFORMÁTICO	430,20	430,20	430,20	430,20	430,20	430,20	430,20	430,20	430,20	430,20	430,20	430,20

Servicios contratados	MES 1	MES 2	MES 3	MES 4	MES 5	MES 6	MES 7	MES 8	MES 9	MES 10	MES 11	MES 12
Agua	50,00	50,00	50,00	50,00	50,00	50,00	50,00	50,00	50,00	50,00	50,00	50,00
Gas	175,00	150,00	60,00	30,00	15,00	15,00	15,00	15,00	15,00	30,00	80,00	120,00
Basura	10,42	10,42	10,42	10,42	10,42	10,42	10,42	10,42	10,42	10,42	10,42	10,42
Electricidad	100,00	100,00	100,00	100,00	100,00	100,00	100,00	100,00	100,00	100,00	100,00	100,00
Fibra óptica	80,00	80,00	80,00	80,00	80,00	80,00	80,00	80,00	80,00	80,00	80,00	80,00
Telefonía (1 línea fija y 2 líneas móviles)	150,00	150,00	150,00	150,00	150,00	150,00	150,00	150,00	150,00	150,00	150,00	150,00
Servidor Virtual (Cloud)	90,00	90,00	90,00	90,00	90,00	90,00	90,00	90,00	90,00	90,00	90,00	90,00
Dominio, correos y estrategia SEO	12,50	12,50	12,50	12,50	12,50	12,50	12,50	12,50	12,50	12,50	12,50	12,50
TOTAL SERVICIOS CONTRATADOS	667,92	642,92	552,92	522,92	507,92	507,92	507,92	507,92	507,92	522,92	572,92	612,92

Colegios profesionales	MES 1	MES 2	MES 3	MES 4	MES 5	MES 6	MES 7	MES 8	MES 9	MES 10	MES 11	MES 12
Colegio de Aparejadores, Arquitectos Técnicos e Ingenieros de Edificación	156,00	-	-	-	156,00	-	-	-	156,00	-	-	156,00
Colegio de Economistas de Navarra	65,38	-	-	-	-	65,38	-	-	-	-	-	-
TOTAL COLEGIOS PROFESIONALES	221,38	-	-	-	156,00	65,38	-	-	156,00	-	-	156,00

Seguros	MES 1	MES 2	MES 3	MES 4	MES 5	MES 6	MES 7	MES 8	MES 9	MES 10	MES 11	MES 12
Musaat	800,00	-	-	-	-	800,00	-	-	-	-	-	-
Seguro multirriesgo empresarial y	150,00	-	-	-	-	150,00	-	-	-	-	-	-
TOTAL SEGUROS	950,00	-	-	-	-	950,00	-	-	-	-	-	-

Varios	MES 1	MES 2	MES 3	MES 4	MES 5	MES 6	MES 7	MES 8	MES 9	MES 10	MES 11	MES 12
Impuesto de Actividades Económicas	145,99	-	-	-	-	145,99	-	-	-	-	-	-
Cuota de la AEPD	150,00	-	-	-	-	-	-	-	-	-	-	-
Pago de impresiones multifunción	69,93	69,93	69,93	69,93	69,93	69,93	69,93	69,93	69,93	69,93	69,93	69,93
Pago de impresiones plotter	56,70	56,70	56,70	56,70	56,70	56,70	56,70	56,70	56,70	56,70	56,70	56,70
Papelería y material de oficina	210,00	210,00	210,00	210,00	210,00	210,00	210,00	210,00	210,00	210,00	210,00	210,00
TOTAL VARIOS	632,62	336,63	336,63	336,63	336,63	482,62	336,63	336,63	336,63	336,63	336,63	336,63

TOTAL GASTOS FIJOS	20.499,69	12.374,23	12.284,23	12.254,23	12.395,23	13.400,60	12.613,09	12.613,09	12.769,09	12.628,09	12.678,09	12.874,09

Elaboración propia

DESGLOSE DE GASTOS MENSUALES AÑO 3

Número de empleados	MES 1	MES 2	MES 3	MES 4	MES 5	MES 6	MES 7	MES 8	MES 9	MES 10	MES 11	MES 12
Salarios brutos de los 2 socios	4.526,50	4.526,50	4.526,50	4.526,50	4.526,50	4.526,50	4.526,50	4.526,50	4.526,50	4.526,50	4.526,50	4.526,50
Salarios brutos de los 3 trabajadores	4.653,11	4.653,11	4.653,11	4.653,11	4.653,11	4.653,11	4.653,11	4.653,11	4.653,11	4.653,11	4.653,11	4.653,11
Cuotas RETA (2 socios)	534,08	534,08	534,08	534,08	534,08	534,08	534,08	534,08	534,08	534,08	534,08	534,08
Cuotas Seguridad Social	1.395,93	1.395,93	1.395,93	1.395,93	1.395,93	1.395,93	1.395,93	1.395,93	1.395,93	1.395,93	1.395,93	1.395,93
TOTAL GASTOS DE PERSONAL	11.109,62	11.109,62	11.109,62	11.109,62	11.109,62	11.109,62	11.109,62	11.109,62	11.109,62	11.109,62	11.109,62	11.109,62

Alquileres	MES 1	MES 2	MES 3	MES 4	MES 5	MES 6	MES 7	MES 8	MES 9	MES 10	MES 11	MES 12
Alquiler de local oficina	468,18	468,18	468,18	468,18	468,18	468,18	468,18	468,18	468,18	468,18	468,18	468,18

Otros gastos (Anuales)

Software informático	MES 1	MES 2	MES 3	MES 4	MES 5	MES 6	MES 7	MES 8	MES 9	MES 10	MES 11	MES 12
Autodesk Colección AIC	3.545,30	-	-	-	-	-	-	-	-	-	-	-
Autodesk Revit LT	1.776,00	-	-	-	-	-	-	-	-	-	-	-
Rib Spain Presto + Cost It	540,00	-	-	-	-	-	-	-	-	-	-	-
Rib Spain Presto Gestión Proyectos	289,00	-	-	-	-	-	-	-	-	-	-	-
Microsoft Office 365 Empresa	52,50	52,50	52,50	52,50	52,50	52,50	52,50	52,50	52,50	52,50	52,50	52,50
Adobe Acrobat PDF Pack	25,25	25,25	25,25	25,25	25,25	25,25	25,25	25,25	25,25	25,25	25,25	25,25
Sage Contaplus Profesional	482,79	-	-	-	-	-	-	-	-	-	-	-
TOTAL SOFTWARE INFORMÁTICO	6.710,84	77,75	77,75	77,75	77,75	77,75	77,75	77,75	77,75	77,75	77,75	77,75

Hardware informático	MES 1	MES 2	MES 3	MES 4	MES 5	MES 6	MES 7	MES 8	MES 9	MES 10	MES 11	MES 12
Renting de CPU+Monitor+Ratón	300,00	300,00	300,00	300,00	300,00	300,00	300,00	300,00	300,00	300,00	300,00	300,00
Renting impresora láser multifunción	75,00	75,00	75,00	75,00	75,00	75,00	75,00	75,00	75,00	75,00	75,00	75,00
Renting plotter planos	55,20	55,20	55,20	55,20	55,20	55,20	55,20	55,20	55,20	55,20	55,20	55,20
TOTAL HARDWARE INFORMÁTICO	430,20	430,20	430,20	430,20	430,20	430,20	430,20	430,20	430,20	430,20	430,20	430,20

Servicios contratados	MES 1	MES 2	MES 3	MES 4	MES 5	MES 6	MES 7	MES 8	MES 9	MES 10	MES 11	MES 12
Agua	50,00	50,00	50,00	50,00	50,00	50,00	50,00	50,00	50,00	50,00	50,00	50,00
Gas	175,00	150,00	60,00	30,00	15,00	15,00	15,00	15,00	15,00	30,00	80,00	120,00
Basura	10,42	10,42	10,42	10,42	10,42	10,42	10,42	10,42	10,42	10,42	10,42	10,42
Electricidad	100,00	100,00	100,00	100,00	100,00	100,00	100,00	100,00	100,00	100,00	100,00	100,00
Fibra óptica	80,00	80,00	80,00	80,00	80,00	80,00	80,00	80,00	80,00	80,00	80,00	80,00
Telefonía (1 línea fija y 2 líneas móviles)	150,00	150,00	150,00	150,00	150,00	150,00	150,00	150,00	150,00	150,00	150,00	150,00
Servidor Virtual (Cloud)	90,00	90,00	90,00	90,00	90,00	90,00	90,00	90,00	90,00	90,00	90,00	90,00
Dominio, correos y estrategia SEO	12,50	12,50	12,50	12,50	12,50	12,50	12,50	12,50	12,50	12,50	12,50	12,50
TOTAL SERVICIOS CONTRATADOS	667,92	642,92	552,92	522,92	507,92	507,92	507,92	507,92	507,92	522,92	572,92	612,92

Colegios profesionales	MES 1	MES 2	MES 3	MES 4	MES 5	MES 6	MES 7	MES 8	MES 9	MES 10	MES 11	MES 12
Colegio de Aparejadores, Arquitectos Técnicos e Ingenieros de Edificación	156,00	-	-	-	156,00	-	-	-	156,00	-	-	156,00
Colegio de Economistas de Navarra	65,38	-	-	-	-	65,38	-	-	-	-	-	-
TOTAL COLEGIOS PROFESIONALES	221,38	-	-	-	156,00	65,38	-	-	156,00	-	-	156,00

Seguros	MES 1	MES 2	MES 3	MES 4	MES 5	MES 6	MES 7	MES 8	MES 9	MES 10	MES 11	MES 12
Musaat	800,00	-	-	-	-	800,00	-	-	-	-	-	-
Seguro multirriesgo empresarial y responsabilidad	150,00	-	-	-	-	150,00	-	-	-	-	-	-
TOTAL SEGUROS	950,00	-	-	-	-	950,00	-	-	-	-	-	-

Varios	MES 1	MES 2	MES 3	MES 4	MES 5	MES 6	MES 7	MES 8	MES 9	MES 10	MES 11	MES 12
Impuesto de Actividades Económicas	145,99	-	-	-	-	145,99	-	-	-	-	-	-
Cuota de la AEPD	150,00	-	-	-	-	-	-	-	-	-	-	-
Pago de impresiones multifunción	73,26	73,26	73,26	73,26	73,26	73,26	73,26	73,26	73,26	73,26	73,26	73,26
Pago de impresiones plotter	59,40	59,40	59,40	59,40	59,40	59,40	59,40	59,40	59,40	59,40	59,40	59,40
Papelería y material de oficina	220,00	220,00	220,00	220,00	220,00	220,00	220,00	220,00	220,00	220,00	220,00	220,00
TOTAL VARIOS	648,65	352,66	352,66	352,66	352,66	498,65	352,66	352,66	352,66	352,66	352,66	352,66

| **TOTAL GASTOS FIJOS** | 21.206,79 | 13.081,33 | 12.991,33 | 12.961,33 | 13.102,33 | 14.107,70 | 12.946,33 | 12.946,33 | 13.102,33 | 12.961,33 | 13.011,33 | 13.207,33 |

Elaboración propia

DESGLOSE DE GASTOS MENSUALES AÑO 4

Número de empleados	MES 1	MES 2	MES 3	MES 4	MES 5	MES 6	MES 7	MES 8	MES 9	MES 10	MES 11	MES 12
Salarios brutos de los 2 socios	4.662,29	4.662,29	4.662,29	4.662,29	4.662,29	4.662,29	4.662,29	4.662,29	4.662,29	4.662,29	4.662,29	4.662,29
Salarios brutos de los 3 trabajadores	4.792,70	4.792,70	4.792,70	4.792,70	4.792,70	4.792,70	4.792,70	4.792,70	4.792,70	4.792,70	4.792,70	4.792,70
Cuotas RETA (2 socios)	534,08	534,08	534,08	534,08	534,08	534,08	534,08	534,08	534,08	534,08	534,08	534,08
Cuotas Seguridad Social	1.437,81	1.437,81	1.437,81	1.437,81	1.437,81	1.437,81	1.437,81	1.437,81	1.437,81	1.437,81	1.437,81	1.437,81
TOTAL GASTOS DE PERSONAL	11.426,89	11.426,89	11.426,89	11.426,89	11.426,89	11.426,89	11.426,89	11.426,89	11.426,89	11.426,89	11.426,89	11.426,89

Alquileres	MES 1	MES 2	MES 3	MES 4	MES 5	MES 6	MES 7	MES 8	MES 9	MES 10	MES 11	MES 12
Alquiler de local oficina	477,54	477,54	477,54	477,54	477,54	477,54	477,54	477,54	477,54	477,54	477,54	477,54

Otros gastos (Anuales)

Software informático	MES 1	MES 2	MES 3	MES 4	MES 5	MES 6	MES 7	MES 8	MES 9	MES 10	MES 11	MES 12
Autodesk Colección AIC	3.545,30	-	-	-	-	-	-	-	-	-	-	-
Autodesk Revit LT	1.776,00	-	-	-	-	-	-	-	-	-	-	-
Rib Spain Presto + Cost It	540,00	-	-	-	-	-	-	-	-	-	-	-
Rib Spain Presto Gestión Proyectos	289,00	-	-	-	-	-	-	-	-	-	-	-
Microsoft Office 365 Empresa	52,50	52,50	52,50	52,50	52,50	52,50	52,50	52,50	52,50	52,50	52,50	52,50
Adobe Acrobat PDF Pack	25,25	25,25	25,25	25,25	25,25	25,25	25,25	25,25	25,25	25,25	25,25	25,25
Sage Contaplus Profesional	482,79	-	-	-	-	-	-	-	-	-	-	-
TOTAL SOFTWARE INFORMÁTICO	6.710,84	77,75	77,75	77,75	77,75	77,75	77,75	77,75	77,75	77,75	77,75	77,75

Hardware informático	MES 1	MES 2	MES 3	MES 4	MES 5	MES 6	MES 7	MES 8	MES 9	MES 10	MES 11	MES 12
Renting de CPU+Monitor+Ratón	300,00	300,00	300,00	300,00	300,00	300,00	300,00	300,00	300,00	300,00	300,00	300,00
Renting impresora láser multifunción	75,00	75,00	75,00	75,00	75,00	75,00	75,00	75,00	75,00	75,00	75,00	75,00
Renting plotter planos	55,20	55,20	55,20	55,20	55,20	55,20	55,20	55,20	55,20	55,20	55,20	55,20
TOTAL HARDWARE INFORMÁTICO	430,20	430,20	430,20	430,20	430,20	430,20	430,20	430,20	430,20	430,20	430,20	430,20

Servicios contratados	MES 1	MES 2	MES 3	MES 4	MES 5	MES 6	MES 7	MES 8	MES 9	MES 10	MES 11	MES 12
Agua	50,00	50,00	50,00	50,00	50,00	50,00	50,00	50,00	50,00	50,00	50,00	50,00
Gas	175,00	150,00	60,00	30,00	15,00	15,00	15,00	15,00	15,00	30,00	80,00	120,00
Basura	10,42	10,42	10,42	10,42	10,42	10,42	10,42	10,42	10,42	10,42	10,42	10,42
Electricidad	100,00	100,00	100,00	100,00	100,00	100,00	100,00	100,00	100,00	100,00	100,00	100,00
Fibra óptica	80,00	80,00	80,00	80,00	80,00	80,00	80,00	80,00	80,00	80,00	80,00	80,00
Telefonía (1 línea fija y 2 líneas móviles)	150,00	150,00	150,00	150,00	150,00	150,00	150,00	150,00	150,00	150,00	150,00	150,00
Servidor Virtual (Cloud)	90,00	90,00	90,00	90,00	90,00	90,00	90,00	90,00	90,00	90,00	90,00	90,00
Dominio, correos y estrategia SEO	12,50	12,50	12,50	12,50	12,50	12,50	12,50	12,50	12,50	12,50	12,50	12,50
TOTAL SERVICIOS CONTRATADOS	667,92	642,92	552,92	522,92	507,92	507,92	507,92	507,92	507,92	522,92	572,92	612,92

Colegios profesionales	MES 1	MES 2	MES 3	MES 4	MES 5	MES 6	MES 7	MES 8	MES 9	MES 10	MES 11	MES 12
Colegio de Aparejadores, Arquitectos	156,00	-	-	-	156,00	-	-	-	156,00	-	-	156,00
Colegio de Economistas de Navarra	65,38	-	-	-	-	65,38	-	-	-	-	-	-
TOTAL COLEGIOS PROFESIONALES	221,38	-	-	-	156,00	65,38	-	-	156,00	-	-	156,00

Seguros	MES 1	MES 2	MES 3	MES 4	MES 5	MES 6	MES 7	MES 8	MES 9	MES 10	MES 11	MES 12
Musaat	800,00	-	-	-	-	800,00	-	-	-	-	-	-
Seguro multirriesgo empresarial y	150,00	-	-	-	-	150,00	-	-	-	-	-	-
TOTAL SEGUROS	950,00	-	-	-	-	950,00	-	-	-	-	-	-

Varios	MES 1	MES 2	MES 3	MES 4	MES 5	MES 6	MES 7	MES 8	MES 9	MES 10	MES 11	MES 12
Impuesto de Actividades Económicas	145,99	-	-	-	-	145,99	-	-	-	-	-	-
Cuota de la AEPD	150,00	-	-	-	-	-	-	-	-	-	-	-
Pago de impresiones multifunción	76,59	76,59	76,59	76,59	76,59	76,59	76,59	76,59	76,59	76,59	76,59	76,59
Pago de impresiones plotter	62,10	62,10	62,10	62,10	62,10	62,10	62,10	62,10	62,10	62,10	62,10	62,10
Papelería y material de oficina	230,00	230,00	230,00	230,00	230,00	230,00	230,00	230,00	230,00	230,00	230,00	230,00
TOTAL VARIOS	664,68	368,69	368,69	368,69	368,69	514,68	368,69	368,69	368,69	368,69	368,69	368,69

| TOTAL GASTOS FIJOS | 21.549,45 | 13.423,99 | 13.333,99 | 13.303,99 | 13.444,99 | 14.450,36 | 13.288,99 | 13.288,99 | 13.444,99 | 13.303,99 | 13.353,99 | 13.549,99 |

Elaboración propia

DESGLOSE DE GASTOS MENSUALES AÑO 5

Número de empleados	MES 1	MES 2	MES 3	MES 4	MES 5	MES 6	MES 7	MES 8	MES 9	MES 10	MES 11	MES 12
Salarios brutos de los 2 socios	4.802,16	4.802,16	4.802,16	4.802,16	4.802,16	4.802,16	4.802,16	4.802,16	4.802,16	4.802,16	4.802,16	4.802,16
Salarios brutos de los 3 trabajadores	4.936,48	4.936,48	4.936,48	4.936,48	4.936,48	4.936,48	4.936,48	4.936,48	4.936,48	4.936,48	4.936,48	4.936,48
Cuotas RETA (2 socios)	534,08	534,08	534,08	534,08	534,08	534,08	534,08	534,08	534,08	534,08	534,08	534,08
Cuotas Seguridad Social	1.480,94	1.480,94	1.480,94	1.480,94	1.480,94	1.480,94	1.480,94	1.480,94	1.480,94	1.480,94	1.480,94	1.480,94
TOTAL GASTOS DE PERSONAL	11.753,67	11.753,67	11.753,67	11.753,67	11.753,67	11.753,67	11.753,67	11.753,67	11.753,67	11.753,67	11.753,67	11.753,67
Alquileres	MES 1	MES 2	MES 3	MES 4	MES 5	MES 6	MES 7	MES 8	MES 9	MES 10	MES 11	MES 12
Alquiler de local oficina	487,09	487,09	487,09	487,09	487,09	487,09	487,09	487,09	487,09	487,09	487,09	487,09
Otros gastos (Anuales)												
Software informático	MES 1	MES 2	MES 3	MES 4	MES 5	MES 6	MES 7	MES 8	MES 9	MES 10	MES 11	MES 12
Autodesk Coleccion AIC	3.545,30	-	-	-	-	-	-	-	-	-	-	-
Autodesk Revit LT	1.776,00	-	-	-	-	-	-	-	-	-	-	-
Rib Spain Presto + Cost It	540,00	-	-	-	-	-	-	-	-	-	-	-
Rib Spain Presto Gestión Proyectos	289,00	-	-	-	-	-	-	-	-	-	-	-
Microsoft Office 365 Empresa	52,50	52,50	52,50	52,50	52,50	52,50	52,50	52,50	52,50	52,50	52,50	52,50
Adobe Acrobat PDF Pack	25,25	25,25	25,25	25,25	25,25	25,25	25,25	25,25	25,25	25,25	25,25	25,25
Sage Contaplus Profesional	482,79	-	-	-	-	-	-	-	-	-	-	-
TOTAL SOFTWARE INFORMÁTICO	6.710,84	77,75	77,75	77,75	77,75	77,75	77,75	77,75	77,75	77,75	77,75	77,75
Hardware informático	MES 1	MES 2	MES 3	MES 4	MES 5	MES 6	MES 7	MES 8	MES 9	MES 10	MES 11	MES 12
Renting de CPU+Monitor+Ratón	300,00	300,00	300,00	300,00	300,00	300,00	300,00	300,00	300,00	300,00	300,00	300,00
Renting impresora láser multifunción	75,00	75,00	75,00	75,00	75,00	75,00	75,00	75,00	75,00	75,00	75,00	75,00
Renting plotter planos	55,20	55,20	55,20	55,20	55,20	55,20	55,20	55,20	55,20	55,20	55,20	55,20
TOTAL HARDWARE INFORMÁTICO	430,20	430,20	430,20	430,20	430,20	430,20	430,20	430,20	430,20	430,20	430,20	430,20
Servicios contratados	MES 1	MES 2	MES 3	MES 4	MES 5	MES 6	MES 7	MES 8	MES 9	MES 10	MES 11	MES 12
Agua	50,00	50,00	50,00	50,00	50,00	50,00	50,00	50,00	50,00	50,00	50,00	50,00
Gas	175,00	150,00	60,00	30,00	15,00	15,00	15,00	15,00	15,00	30,00	80,00	120,00
Basura	10,42	10,42	10,42	10,42	10,42	10,42	10,42	10,42	10,42	10,42	10,42	10,42
Electricidad	100,00	100,00	100,00	100,00	100,00	100,00	100,00	100,00	100,00	100,00	100,00	100,00
Fibra óptica	80,00	80,00	80,00	80,00	80,00	80,00	80,00	80,00	80,00	80,00	80,00	80,00
Telefonía (1 línea fija y 2 líneas móviles)	150,00	150,00	150,00	150,00	150,00	150,00	150,00	150,00	150,00	150,00	150,00	150,00
Servidor Virtual (Cloud)	90,00	90,00	90,00	90,00	90,00	90,00	90,00	90,00	90,00	90,00	90,00	90,00
Dominio, correos y estrategia SEO	12,50	12,50	12,50	12,50	12,50	12,50	12,50	12,50	12,50	12,50	12,50	12,50
TOTAL SERVICIOS CONTRATADOS	667,92	642,92	552,92	522,92	507,92	507,92	507,92	507,92	507,92	522,92	572,92	612,92
Colegios profesionales	MES 1	MES 2	MES 3	MES 4	MES 5	MES 6	MES 7	MES 8	MES 9	MES 10	MES 11	MES 12
Colegio de Aparejadores, Arquitectos Técnicos e Ingenieros de Edificación	156,00	-	-	-	156,00	-	-	-	156,00	-	-	156,00
Colegio de Economistas de Navarra	65,38	-	-	-	-	65,38	-	-	-	-	-	-
TOTAL COLEGIOS PROFESIONALES	221,38	-	-	-	156,00	65,38	-	-	156,00	-	-	156,00
Seguros	MES 1	MES 2	MES 3	MES 4	MES 5	MES 6	MES 7	MES 8	MES 9	MES 10	MES 11	MES 12
Musaat	800,00	-	-	-	-	800,00	-	-	-	-	-	-
Seguro multirriesgo empresarial y	150,00	-	-	-	-	150,00	-	-	-	-	-	-
TOTAL SEGUROS	950,00	-	-	-	-	950,00	-	-	-	-	-	-
Varios	MES 1	MES 2	MES 3	MES 4	MES 5	MES 6	MES 7	MES 8	MES 9	MES 10	MES 11	MES 12
Impuesto de Actividades Económicas	145,99	-	-	-	-	145,99	-	-	-	-	-	-
Cuota de la AEPD	150,00	-	-	-	-	-	-	-	-	-	-	-
Pago de impresiones multifunción	83,25	83,25	83,25	83,25	83,25	83,25	83,25	83,25	83,25	83,25	83,25	83,25
Pago de impresiones plotter	67,50	67,50	67,50	67,50	67,50	67,50	67,50	67,50	67,50	67,50	67,50	67,50
Papelería y material de oficina	250,00	250,00	250,00	250,00	250,00	250,00	250,00	250,00	250,00	250,00	250,00	250,00
TOTAL VARIOS	696,74	400,75	400,75	400,75	400,75	546,74	400,75	400,75	400,75	400,75	400,75	400,75
TOTAL GASTOS FIJOS	21.917,84	13.792,38	13.702,38	13.672,38	13.813,38	14.818,75	13.657,38	13.657,38	13.813,38	13.672,38	13.722,38	13.918,38

Elaboración propia

9.12 ANEXO XII: PLAN DE TESORERÍA

PRESUPUESTO DE TESORERÍA						
	AÑO 0	AÑO 1	AÑO 2	AÑO 3	AÑO 4	AÑO 5
TESORERÍA INICIAL	23.000,00	23.000,00	54.380,21	80.974,61	109.778,85	148.158,35
COBROS						
Cobros de ventas	-	200.000,00	210.000,00	220.000,00	240.000,00	260.000,00
Capital	3.000,00	-	-	-	-	-
Préstamo bancario	20.000,00	-	-	-	-	-
TOTAL COBROS Y TESORERÍA INICIAL	23.000,00	223.000,00	264.380,21	300.974,61	349.778,85	408.158,35
PAGOS						
Gastos de constitución de SLNE		310,00	-	-	-	-
Gastos del Plan de Marketing		319,95	-	-	-	-
Inversión Licencia Microsoft Windows 10 Pro		1.395,00	-	-	-	-
Gastos de personal		121.823,76	127.375,99	133.315,43	137.122,62	141.044,03
Alquileres		5.400,00	5.508,00	5.618,16	5.730,52	5.845,13
Software informático		7.566,09	7.566,09	7.566,09	7.566,09	7.566,09
Hardware informático		5.162,40	5.162,40	5.162,40	5.162,40	5.162,40
Servicios contratados		6.635,00	6.635,00	6.635,00	6.635,00	6.635,00
Colegios profesionales		754,76	754,76	754,76	754,76	754,76
Seguros		1.900,00	1.900,00	1.900,00	1.900,00	1.900,00
Varios		4.289,18	4.481,54	4.673,90	4.866,26	5.250,98
Gastos financieros		980,00	802,29	615,87	420,32	215,19
Devoluciones de préstamos		3.626,73	3.804,44	3.990,86	4.186,41	4.391,55
Pago Impuesto Beneficios		8.456,92	9.398,38	10.147,83	13.203,72	16.269,02
Pago dividendos		-	10.016,70	10.815,45	14.072,39	17.339,35
TOTAL PAGOS	-	168.619,79	183.405,60	191.195,76	201.620,50	212.373,50
SALDO TESORERÍA	23.000,00	54.380,21	80.974,61	109.778,85	148.158,35	195.784,85

Elaboración propia

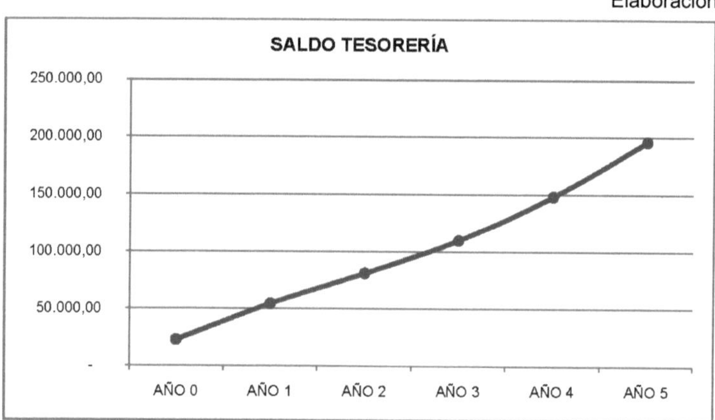

Elaboración propia

9.13 ANEXO XIII: CUENTA DE PÉRDIDAS Y GANANCIAS PREVISIONAL

CUENTA DE RESULTADOS PREVISIONAL	AÑO 1	AÑO 2	AÑO 3	AÑO 4	AÑO 5
OPERACIONES CONTINUADAS					
Importe neto de la cifra de negocios	200.000,00	210.000,00	220.000,00	240.000,00	260.000,00
Realización de modelos BIM	120.000,00	126.000,00	132.000,00	144.000,00	156.000,00
Asesoramiento a empresas en las fases del proyecto	80.000,00	84.000,00	88.000,00	96.000,00	104.000,00
Gastos de Personal	121.823,76	127.375,99	133.315,43	137.122,62	141.044,03
Salarios brutos de los 2 socios	51.199,92	52.735,92	54.318,00	55.947,53	57.625,96
Salarios brutos de los 3 trabajadores	52.632,00	54.210,96	55.837,29	57.512,41	59.237,78
Cuotas RETA (2 socios)	2.202,24	4.165,82	6.408,96	6.408,96	6.408,96
Cuotas Seguridad Social	15.789,60	16.263,29	16.751,19	17.253,72	17.771,33
Otros gastos de explotación	32.337,38	32.007,79	32.310,31	32.615,03	33.114,36
Gastos de constitución de SLNE	310,00	-	-	-	-
Gastos del Plan de Marketing	319,95	-	-	-	-
Alquileres	5.400,00	5.508,00	5.618,16	5.730,52	5.845,13
Software informático	7.566,09	7.566,09	7.566,09	7.566,09	7.566,09
Hardware Informático	5.162,40	5.162,40	5.162,40	5.162,40	5.162,40
Servicios contratados	6.635,00	6.635,00	6.635,00	6.635,00	6.635,00
Colegios profesionales	754,76	754,76	754,76	754,76	754,76
Seguros multirriesgo empresarial y responsabilidad civil	1.900,00	1.900,00	1.900,00	1.900,00	1.900,00
Impuesto de Actividades Económicas	291,98	291,98	291,98	291,98	291,98
Agencia Española de Protección de Datos	150,00	150,00	150,00	150,00	150,00
Papelería y material de oficina	3.847,20	4.039,56	4.231,92	4.424,28	4.809,00
Amortización del inmovilizado	348,75	348,75	348,75	348,75	-
Amortizaciones de aplicaciones informáticas	348,75	348,75	348,75	348,75	-
RESULTADO DE EXPLOTACIÓN	45.490,11	50.267,47	54.025,51	69.913,59	85.841,60
Gastos financieros					
Por deudas con terceros (Préstamo)	980,00	802,29	615,87	420,32	215,19
RESULTADO FINANCIERO	980,00	802,29	615,87	420,32	215,19
RESULTADO ANTES DE IMPUESTOS	44.510,11	49.465,18	53.409,64	69.493,27	85.626,42
Impuestos sobre beneficios	8.456,92	9.398,38	10.147,83	13.203,72	16.269,02
RESULTADO DEL EJERCICIO	36.053,19	40.066,80	43.261,81	56.289,55	69.357,40

Distribución de resultados en el balance		AÑO 2	AÑO 3	AÑO 4	AÑO 5
Dividendos	-	10.016,70	10.815,45	14.072,39	17.339,35
Reservas	36.053,19	30.050,10	32.446,35	42.217,16	52.018,05

Elaboración propia

9.14 ANEXO XIV: BALANCES PREVISIONALES

BALANCE PREVISIONAL						
	AÑO 0	AÑO 1	AÑO 2	AÑO 3	AÑO 4	AÑO 5
ACTIVO						
ACTIVO NO CORRIENTE	0,00	1.046,25	697,50	348,75	0,00	0,00
Aplicaciones informáticas	0,00	1.046,25	697,50	348,75	0,00	0,00
ACTIVO CORRIENTE	23.000,00	54.380,21	80.974,61	109.778,85	148.158,35	195.784,85
Efectivo y otros activos líquidos equivalentes	23.000,00	54.380,21	80.974,61	109.778,85	148.158,35	195.784,85
TOTAL ACTIVO	23.000,00	55.426,46	81.672,11	110.127,60	148.158,35	195.784,85
PASIVO Y PATRIMONIO						
Capital	3.000,00	3.000,00	3.000,00	3.000,00	3.000,00	3.000,00
Reservas	0,00	0,00	36.053,19	66.103,29	98.549,64	140.766,80
Resultado del ejercicio		36.053,19	40.066,80	43.261,81	56.289,55	69.357,40
Pago de dividendos	0,00	0,00	-10.016,70	-10.815,45	-14.072,39	-17.339,35
FONDOS PROPIOS	3.000,00	39.053,19	69.103,29	101.549,64	143.766,80	195.784,85
Préstamos a largo plazo	16.373,27	12.568,82	8.577,96	4.391,55	0,00	0,00
PASIVO NO CORRIENTE	16.373,27	12.568,82	8.577,96	4.391,55	0,00	0,00
Préstamos a corto plazo	3.626,73	3.804,44	3.990,86	4.186,41	4.391,55	0,00
PASIVO CORRIENTE	3.626,73	3.804,44	3.990,86	4.186,41	4.391,55	0,00
TOTAL PASIVO Y PATRIMONIO	23.000,00	55.426,46	81.672,11	110.127,60	148.158,35	195.784,85

Elaboración propia

9.15 ANEXO XV: RATIOS ECONÓMICOS-FINANCIEROS

ANÁLISIS ECONÓMICO-FINANCIERO						
LIQUIDEZ	**FÓRMULA**	**Año 1**	**Año 2**	**Año 3**	**Año 4**	**Año 5**
1. Fondo de Maniobra	Activo Corriente - Pasivo Corriente	50.575,76	76.983,75	105.592,44	143.766,80	195.784,85
2. Liquidez Total	Activo Corriente / Pasivo Corriente	14,3	20,3	26,2	33,7	El pasivo corriente es 0
3. Tesoreria	Tesoreria / Pasivo Corriente	14,3	20,3	26,2	33,7	El pasivo corriente es 0
SOLVENCIA		**Año 1**	**Año 2**	**Año 3**	**Año 4**	**Año 5**
4. Endeudamiento	Fondos Ajenos / Fondos Propios	0,4	0,2	0,1	0,0	0,0
5. Cobertura de Intereses	BAIT / Gastos Financieros	45,4	61,7	86,7	165,3	397,9
6. Solvencia	Activo Realizable / Fondos Ajenos	3,4	6,5	12,8	33,7	Los fondos ajenos son 0
RENTABILIDAD		**Año 1**	**Año 2**	**Año 3**	**Año 4**	**Año 5**
7. Rentabilidad económica (ROI)	BAIT/ Activo Neto = Margen * Rotacion	80,30%	60,57%	48,50%	46,90%	43,73%
8. Rentabilidad financiera (ROE)	BN/Fondos Propios=[ROI+e*(ROI-Kd)*](1-t)	92,32%	57,98%	42,60%	39,15%	35,43%
9. Crecimiento interno (ICI)	Beneficio Retenido / Fondos Propios	92,32%	43,49%	31,95%	29,37%	26,57%

Elaboración propia

9.16 ANEXO XVI: CÁLCULO DE VAN Y TIR

VALOR ACTUAL NETO (VAN) Y TASA INTERNA DE RETORNO (TIR						
	AÑO 0	AÑO 1	AÑO 2	AÑO 3	AÑO 4	AÑO 5
BENEFICIO NETO		36.053,19	40.066,80	43.261,81	56.289,55	69.357,40
AMORTIZACIÓN		348,75	348,75	348,75	348,75	0,00
INVERSIÓN	-23.000,00					
FLUJO DE CAJA OPERATIVO	-23.000,00	36.401,94	40.415,55	43.610,56	56.638,30	69.357,40

VAN	193.559,32

TIR	168,52%

Elaboración propia

9.17 ANEXO XVII: PLAN DE CONTINGENCIA 1 (BAJADA DE 20% DE INGRESOS SIN ELIMINACIÓN DE 1 PUESTO DE TRABAJO)

INGRESOS

Nombre del producto o servicio	AÑO 1	AÑO 2	AÑO 3	AÑO 4	AÑO 5
Realización de modelos BIM	96.000,00	100.800,00	105.600,00	115.200,00	124.800,00
Asesoramiento a empresas en las fases del proyecto	64.000,00	67.200,00	70.400,00	76.800,00	83.200,00
Total	160.000,00	168.000,00	176.000,00	192.000,00	208.000,00

Elaboración propia

PRESUPUESTO DE TESORERÍA						
	AÑO 0	AÑO 1	AÑO 2	AÑO 3	AÑO 4	AÑO 5
TESORERÍA INICIAL	23.000,00	23.000,00	21.980,21	23.059,61	25.133,85	34.353,35
COBROS						
Cobros de ventas	-	160.000,00	168.000,00	176.000,00	192.000,00	208.000,00
Capital	3.000,00	-	-	-	-	-
Préstamo bancario	20.000,00	-	-	-	-	-
TOTAL COBROS Y TESORERÍA INICIAL	23.000,00	183.000,00	189.980,21	199.059,61	217.133,85	242.353,35
PAGOS						
Gastos de constitución de SLNE		310,00	-	-	-	-
Gastos del Plan de Marketing		319,95	-	-	-	-
Inversión Licencia Microsoft Windows 10 Pro		1.395,00	-	-	-	-
Gastos de personal		121.823,76	127.375,99	133.315,43	137.122,62	141.044,03
Alquileres		5.400,00	5.508,00	5.618,16	5.730,52	5.845,13
Software informático		7.566,09	7.566,09	7.566,09	7.566,09	7.566,09
Hardware informático		5.162,40	5.162,40	5.162,40	5.162,40	5.162,40
Servicios contratados		6.635,00	6.635,00	6.635,00	6.635,00	6.635,00
Colegios profesionales		754,76	754,76	754,76	754,76	754,76
Seguros		1.900,00	1.900,00	1.900,00	1.900,00	1.900,00
Varios		4.289,18	4.481,54	4.673,90	4.866,26	5.250,98
Gastos financieros		980,00	802,29	615,87	420,32	215,19
Devoluciones de préstamos		3.626,73	3.804,44	3.990,86	4.186,41	4.391,55
Pago Impuesto Beneficios		856,92	1.418,38	1.787,83	4.083,72	6.389,02
Pago dividendos		-	1.511,70	1.905,45	4.352,39	6.809,35
TOTAL PAGOS	-	161.019,79	166.920,60	173.925,76	182.780,50	191.963,50
SALDO TESORERÍA	23.000,00	21.980,21	23.059,61	25.133,85	34.353,35	50.389,85

Elaboración propia

UMBRAL DE RENTABILIDAD					
PAGOS	AÑO 1	AÑO 2	AÑO 3	AÑO 4	AÑO 5
Gastos de constitución de SLNE	310,00	-	-	-	-
Gastos del Plan de Marketing	319,95	-	-	-	-
Inversión Licencia Microsoft Windows 10 Pro	1.395,00	-	-	-	-
Gastos de personal	121.823,76	127.375,99	133.315,43	137.122,62	141.044,03
Alquileres	5.400,00	5.508,00	5.618,16	5.730,52	5.845,13
Software informático	7.566,09	7.566,09	7.566,09	7.566,09	7.566,09
Hardware informático	5.162,40	5.162,40	5.162,40	5.162,40	5.162,40
Servicios contratados	6.635,00	6.635,00	6.635,00	6.635,00	6.635,00
Colegios profesionales	754,76	754,76	754,76	754,76	754,76
Seguros	1.900,00	1.900,00	1.900,00	1.900,00	1.900,00
Varios	4.289,18	4.481,54	4.673,90	4.866,26	5.250,98
Gastos financieros	980,00	802,29	615,87	420,32	215,19
Devoluciones de préstamos	3.626,73	3.804,44	3.990,86	4.186,41	4.391,55
Pago Impuesto Beneficios	856,92	1.418,38	1.787,83	4.083,72	6.389,02
UMBRAL DE RENTABILIDAD	161.019,79	165.408,90	172.020,31	178.428,11	185.154,15

Elaboración propia

CUENTA DE RESULTADOS PREVISIONAL					
	AÑO 1	AÑO 2	AÑO 3	AÑO 4	AÑO 5
OPERACIONES CONTINUADAS					
Importe neto de la cifra de negocios	160.000,00	168.000,00	176.000,00	192.000,00	208.000,00
Realización de modelos BIM	96.000,00	100.800,00	105.600,00	115.200,00	124.800,00
Asesoramiento a empresas en las fases del proyecto	64.000,00	67.200,00	70.400,00	76.800,00	83.200,00
Gastos de Personal	**121.823,76**	**127.375,99**	**133.315,43**	**137.122,62**	**141.044,03**
Salarios brutos de los 2 socios	51.199,92	52.735,92	54.318,00	55.947,53	57.625,96
Salarios brutos de los 3 trabajadores	52.632,00	54.210,96	55.837,29	57.512,41	59.237,78
Cuotas RETA (2 socios)	2.202,24	4.165,82	6.408,96	6.408,96	6.408,96
Cuotas Seguridad Social	15.789,60	16.263,29	16.751,19	17.253,72	17.771,33
Otros gastos de explotación	**32.337,38**	**32.007,79**	**32.310,31**	**32.615,03**	**33.114,36**
Gastos de constitución de SLNE	310,00	-	-	-	-
Gastos del Plan de Marketing	319,95	-	-	-	-
Alquileres	5.400,00	5.508,00	5.618,16	5.730,52	5.845,13
Software informático	7.566,09	7.566,09	7.566,09	7.566,09	7.566,09
Hardware Informático	5.162,40	5.162,40	5.162,40	5.162,40	5.162,40
Servicios contratados	6.635,00	6.635,00	6.635,00	6.635,00	6.635,00
Colegios profesionales	754,76	754,76	754,76	754,76	754,76
Seguros multirriesgo empresarial y responsabilidad civil	1.900,00	1.900,00	1.900,00	1.900,00	1.900,00
Impuesto de Actividades Económicas	291,98	291,98	291,98	291,98	291,98
Agencia Española de Protección de Datos	150,00	150,00	150,00	150,00	150,00
Papelería y material de oficina	3.847,20	4.039,56	4.231,92	4.424,28	4.809,00
Amortización del inmovilizado	**348,75**	**348,75**	**348,75**	**348,75**	-
Amortizaciones de aplicaciones informáticas	348,75	348,75	348,75	348,75	-
RESULTADO DE EXPLOTACIÓN	**5.490,11**	**8.267,47**	**10.025,51**	**21.913,59**	**33.841,60**
Gastos financieros					
Por deudas con terceros (Préstamo)	980,00	802,29	615,87	420,32	215,19
RESULTADO FINANCIERO	**980,00**	**802,29**	**615,87**	**420,32**	**215,19**
RESULTADO ANTES DE IMPUESTOS	**4.510,11**	**7.465,18**	**9.409,64**	**21.493,27**	**33.626,42**
Impuestos sobre beneficios	856,92	1.418,38	1.787,83	4.083,72	6.389,02
RESULTADO DEL EJERCICIO	**3.653,19**	**6.046,80**	**7.621,81**	**17.409,55**	**27.237,40**

Distribución de resultados en el balance					
Dividendos	-	1.511,70	1.905,45	4.352,39	6.809,35
Reservas	3.653,19	4.535,10	5.716,35	13.057,16	20.428,05

Elaboración propia

BALANCE PREVISIONAL						
	AÑO 0	AÑO 1	AÑO 2	AÑO 3	AÑO 4	AÑO 5
ACTIVO						
ACTIVO NO CORRIENTE	0,00	1.046,25	697,50	348,75	0,00	0,00
Aplicaciones informáticas	0,00	1.046,25	697,50	348,75	0,00	0,00
ACTIVO CORRIENTE	23.000,00	21.980,21	23.059,61	25.133,85	34.353,35	50.389,85
Efectivo y otros activos líquidos equivalentes	23.000,00	21.980,21	23.059,61	25.133,85	34.353,35	50.389,85
TOTAL ACTIVO	23.000,00	23.026,46	23.757,11	25.482,60	34.353,35	50.389,85
PASIVO Y PATRIMONIO						
Capital	3.000,00	3.000,00	3.000,00	3.000,00	3.000,00	3.000,00
Reservas	0,00	0,00	3.653,19	8.188,29	13.904,64	26.961,80
Resultado del ejercicio		3.653,19	6.046,80	7.621,81	17.409,55	27.237,40
Pago de dividendos	0,00	0,00	-1.511,70	-1.905,45	-4.352,39	-6.809,35
FONDOS PROPIOS	3.000,00	6.653,19	11.188,29	16.904,64	29.961,80	50.389,85
Préstamos a largo plazo	16.373,27	12.568,82	8.577,96	4.391,55	0,00	0,00
PASIVO NO CORRIENTE	16.373,27	12.568,82	8.577,96	4.391,55	0,00	0,00
Préstamos a corto plazo	3.626,73	3.804,44	3.990,86	4.186,41	4.391,55	0,00
PASIVO CORRIENTE	3.626,73	3.804,44	3.990,86	4.186,41	4.391,55	0,00
TOTAL PASIVO Y PATRIMONIO	23.000,00	23.026,46	23.757,11	25.482,60	34.353,35	50.389,85

Elaboración propia

9.18 ANEXO XVIII: PLAN DE CONTINGENCIA 1 (BAJADA DE 20% DE INGRESOS CON ELIMINACIÓN DE 1 PUESTO DE TRABAJO)

INGRESOS

Nombre del producto o servicio	AÑO 1	AÑO 2	AÑO 3	AÑO 4	AÑO 5
Realización de modelos BIM	96.000,00	100.800,00	105.600,00	115.200,00	124.800,00
Asesoramiento a empresas en las fases del proyecto	64.000,00	67.200,00	70.400,00	76.800,00	83.200,00
Total	160.000,00	168.000,00	176.000,00	192.000,00	208.000,00

Elaboración propia

PRESUPUESTO DE TESORERÍA						
	AÑO 0	AÑO 1	AÑO 2	AÑO 3	AÑO 4	AÑO 5
TESORERÍA INICIAL	23.000,00	23.000,00	41.933,65	58.167,11	75.823,54	101.066,21
COBROS						
Cobros de ventas	-	160.000,00	168.000,00	176.000,00	192.000,00	208.000,00
Capital	3.000,00	-	-	-	-	-
Préstamo bancario	20.000,00	-	-	-	-	-
TOTAL COBROS Y TESORERÍA INICIAL	23.000,00	183.000,00	209.933,65	234.167,11	267.823,54	309.066,21
PAGOS						
Gastos de constitución de SLNE		310,00	-	-	-	-
Gastos del Plan de Marketing		319,95	-	-	-	-
Inversión Licencia Microsoft Windows 10 Pro		1.116,00	-	-	-	-
Gastos de personal		99.016,56	103.884,57	109.119,27	112.200,58	115.374,33
Alquileres		5.400,00	5.508,00	5.618,16	5.730,52	5.845,13
Software informático		6.787,49	6.787,49	6.787,49	6.787,49	6.787,49
Hardware informático		4.442,40	4.442,40	4.442,40	4.442,40	4.442,40
Servicios contratados		6.635,00	6.635,00	6.635,00	6.635,00	6.635,00
Colegios profesionales		754,76	754,76	754,76	754,76	754,76
Seguros		1.900,00	1.900,00	1.900,00	1.900,00	1.900,00
Varios		4.289,18	4.481,54	4.673,90	4.866,26	5.250,98
Gastos financieros		980,00	802,29	615,87	420,32	215,19
Devoluciones de préstamos		3.626,73	3.804,44	3.990,86	4.186,41	4.391,55
Pago Impuesto Beneficios		5.488,28	6.179,74	6.683,09	9.116,90	11.551,00
Pago dividendos		-	6.586,30	7.122,76	9.716,69	12.310,93
TOTAL PAGOS	-	141.066,35	151.766,54	158.343,57	166.757,34	175.458,76
SALDO TESORERÍA	23.000,00	41.933,65	58.167,11	75.823,54	101.066,21	133.607,45

Elaboración propia

UMBRAL DE RENTABILIDAD					
PAGOS	AÑO 1	AÑO 2	AÑO 3	AÑO 4	AÑO 5
Gastos de constitución de SLNE	310,00	-	-	-	-
Gastos del Plan de Marketing	319,95	-	-	-	-
Inversión Licencia Microsoft Windows 10 Pro	1.116,00	-	-	-	-
Gastos de personal	99.016,56	103.884,57	109.119,27	112.200,58	115.374,33
Alquileres	5.400,00	5.508,00	5.618,16	5.730,52	5.845,13
Software informático	6.787,49	6.787,49	6.787,49	6.787,49	6.787,49
Hardware informático	4.442,40	4.442,40	4.442,40	4.442,40	4.442,40
Servicios contratados	6.635,00	6.635,00	6.635,00	6.635,00	6.635,00
Colegios profesionales	754,76	754,76	754,76	754,76	754,76
Seguros	1.900,00	1.900,00	1.900,00	1.900,00	1.900,00
Varios	4.289,18	4.481,54	4.673,90	4.866,26	5.250,98
Gastos financieros	980,00	802,29	615,87	420,32	215,19
Devoluciones de préstamos	3.626,73	3.804,44	3.990,86	4.186,41	4.391,55
Pago Impuesto Beneficios	5.488,28	6.179,74	6.683,09	9.116,90	11.551,00
UMBRAL DE RENTABILIDAD	141.066,35	145.180,24	151.220,80	157.040,64	163.147,82

Elaboración propia

CUENTA DE RESULTADOS PREVISIONAL					
	AÑO 1	AÑO 2	AÑO 3	AÑO 4	AÑO 5
OPERACIONES CONTINUADAS					
Importe neto de la cifra de negocios	160.000,00	168.000,00	176.000,00	192.000,00	208.000,00
Realización de modelos BIM	96.000,00	100.800,00	105.600,00	115.200,00	124.800,00
Asesoramiento a empresas en las fases del proyecto	64.000,00	67.200,00	70.400,00	76.800,00	83.200,00
Gastos de Personal	99.016,56	103.884,57	109.119,27	112.200,58	115.374,33
Salarios brutos de los 2 socios	51.199,92	52.735,92	54.318,00	55.947,53	57.625,96
Salarios brutos de los 2 trabajadores	35.088,00	36.140,64	37.224,86	38.341,60	39.491,85
Cuotas RETA (2 socios)	2.202,24	4.165,82	6.408,96	6.408,96	6.408,96
Cuotas Seguridad Social	10.526,40	10.842,19	11.167,46	11.502,48	11.847,56
Otros gastos de explotación	30.838,78	30.509,19	30.811,71	31.116,43	31.615,76
Gastos de constitución de SLNE	310,00	-	-	-	-
Gastos del Plan de Marketing	319,95	-	-	-	-
Alquileres	5.400,00	5.508,00	5.618,16	5.730,52	5.845,13
Software informático	6.787,49	6.787,49	6.787,49	6.787,49	6.787,49
Hardware Informático	4.442,40	4.442,40	4.442,40	4.442,40	4.442,40
Servicios contratados	6.635,00	6.635,00	6.635,00	6.635,00	6.635,00
Colegios profesionales	754,76	754,76	754,76	754,76	754,76
Seguros multirriesgo empresarial y responsabilidad civil	1.900,00	1.900,00	1.900,00	1.900,00	1.900,00
Impuesto de Actividades Económicas	291,98	291,98	291,98	291,98	291,98
Agencia Española de Protección de Datos	150,00	150,00	150,00	150,00	150,00
Papelería y material de oficina	3.847,20	4.039,56	4.231,92	4.424,28	4.809,00
Amortización del inmovilizado	279,00	279,00	279,00	279,00	-
Amortizaciones de aplicaciones informáticas	279,00	279,00	279,00	279,00	-
RESULTADO DE EXPLOTACIÓN	29.865,66	33.327,24	35.790,02	48.403,99	61.009,91
Gastos financieros					
Por deudas con terceros (Préstamo)	980,00	802,29	615,87	420,32	215,19
RESULTADO FINANCIERO	980,00	802,29	615,87	420,32	215,19
RESULTADO ANTES DE IMPUESTOS	28.885,66	32.524,95	35.174,15	47.983,67	60.794,72
Impuestos sobre beneficios	5.488,28	6.179,74	6.683,09	9.116,90	11.551,00
RESULTADO DEL EJERCICIO	23.397,38	26.345,21	28.491,06	38.866,77	49.243,72

Distribución de resultados en el balance					
Dividendos	-	6.586,30	7.122,76	9.716,69	12.310,93
Reservas	23.397,38	19.758,90	21.368,29	29.150,08	36.932,79

Elaboración propia

BALANCE PREVISIONAL						
	AÑO 0	AÑO 1	AÑO 2	AÑO 3	AÑO 4	AÑO 5
ACTIVO						
ACTIVO NO CORRIENTE	0,00	837,00	558,00	279,00	0,00	0,00
Aplicaciones informáticas	0,00	837,00	558,00	279,00	0,00	0,00
ACTIVO CORRIENTE	23.000,00	41.933,65	58.167,11	75.823,54	101.066,21	133.607,45
Efectivo y otros activos líquidos equivalentes	23.000,00	41.933,65	58.167,11	75.823,54	101.066,21	133.607,45
TOTAL ACTIVO	23.000,00	42.770,65	58.725,11	76.102,54	101.066,21	133.607,45
PASIVO Y PATRIMONIO						
Capital	3.000,00	3.000,00	3.000,00	3.000,00	3.000,00	3.000,00
Reservas	0,00	0,00	23.397,38	43.156,29	64.524,58	93.674,66
Resultado del ejercicio		23.397,38	26.345,21	28.491,06	38.866,77	49.243,72
Pago de dividendos	0,00	0,00	-6.586,30	-7.122,76	-9.716,69	-12.310,93
FONDOS PROPIOS	3.000,00	26.397,38	46.156,29	67.524,58	96.674,66	133.607,45
Préstamos a largo plazo	16.373,27	12.568,82	8.577,96	4.391,55	0,00	0,00
PASIVO NO CORRIENTE	16.373,27	12.568,82	8.577,96	4.391,55	0,00	0,00
Préstamos a corto plazo	3.626,73	3.804,44	3.990,86	4.186,41	4.391,55	0,00
PASIVO CORRIENTE	3.626,73	3.804,44	3.990,86	4.186,41	4.391,55	0,00
TOTAL PASIVO Y PATRIMONIO	23.000,00	42.770,65	58.725,11	76.102,54	101.066,21	133.607,45

Elaboración propia

9.19 ANEXO XIX: PLAN DE CONTINGENCIA 2 (INCREMENTO DE 20% DE INGRESOS CON INCORPORACIÓN DE 1 PUESTO DE TRABAJO)

INGRESOS

Nombre del producto o servicio	AÑO 1	AÑO 2	AÑO 3	AÑO 4	AÑO 5
Realización de modelos BIM	144.000,00	151.200,00	158.400,00	172.800,00	187.200,00
Asesoramiento a empresas en las fases del proyecto	96.000,00	100.800,00	105.600,00	115.200,00	124.800,00
Total	240.000,00	252.000,00	264.000,00	288.000,00	312.000,00

Elaboración propia

PRESUPUESTO DE TESORERÍA						
	AÑO 0	AÑO 1	AÑO 2	AÑO 3	AÑO 4	AÑO 5
TESORERÍA INICIAL	23.000,00	23.000,00	64.912,89	100.361,07	138.734,18	188.599,80
COBROS						
Cobros de ventas	-	240.000,00	252.000,00	264.000,00	288.000,00	312.000,00
Capital	3.000,00	-	-	-	-	-
Préstamo bancario	20.000,00	-	-	-	-	-
TOTAL COBROS Y TESORERÍA INICIAL	23.000,00	263.000,00	316.912,89	364.361,07	426.734,18	500.599,80
PAGOS						
Gastos de constitución de SLNE		310,00	-	-	-	-
Gastos del Plan de Marketing		319,95	-	-	-	-
Inversión Licencia Microsoft Windows 10 Pro		1.674,00	-	-	-	-
Gastos de personal		144.630,96	150.867,41	157.511,59	162.044,67	166.713,74
Alquileres		5.400,00	5.508,00	5.618,16	5.730,52	5.845,13
Software informático		8.344,69	8.344,69	8.344,69	8.344,69	8.344,69
Hardware informático		5.882,40	5.882,40	5.882,40	5.882,40	5.882,40
Servicios contratados		6.635,00	6.635,00	6.635,00	6.635,00	6.635,00
Colegios profesionales		754,76	754,76	754,76	754,76	754,76
Seguros		1.900,00	1.900,00	1.900,00	1.900,00	1.900,00
Varios		6.651,98	6.962,48	7.272,98	7.583,48	8.204,48
Gastos financieros		980,00	802,29	615,87	420,32	215,19
Devoluciones de préstamos		3.626,73	3.804,44	3.990,86	4.186,41	4.391,55
Pago Impuesto Beneficios		10.976,63	12.145,65	13.118,75	16.774,28	20.425,88
Pago dividendos		-	12.944,71	13.981,82	17.877,85	21.769,68
TOTAL PAGOS	-	198.087,11	216.551,83	225.626,89	238.134,38	251.082,50
SALDO TESORERÍA	23.000,00	64.912,89	100.361,07	138.734,18	188.599,80	249.517,31

Elaboración propia

UMBRAL DE RENTABILIDAD					
PAGOS	AÑO 1	AÑO 2	AÑO 3	AÑO 4	AÑO 5
Gastos de constitución de SLNE	310,00	-	-	-	-
Gastos del Plan de Marketing	319,95	-	-	-	-
Inversión Licencia Microsoft Windows 10 Pro	1.674,00	-	-	-	-
Gastos de personal	144.630,96	150.867,41	157.511,59	162.044,67	166.713,74
Alquileres	5.400,00	5.508,00	5.618,16	5.730,52	5.845,13
Software informático	8.344,69	8.344,69	8.344,69	8.344,69	8.344,69
Hardware informático	5.882,40	5.882,40	5.882,40	5.882,40	5.882,40
Servicios contratados	6.635,00	6.635,00	6.635,00	6.635,00	6.635,00
Colegios profesionales	754,76	754,76	754,76	754,76	754,76
Seguros	1.900,00	1.900,00	1.900,00	1.900,00	1.900,00
Varios	6.651,98	6.962,48	7.272,98	7.583,48	8.204,48
Gastos financieros	980,00	802,29	615,87	420,32	215,19
Devoluciones de préstamos	3.626,73	3.804,44	3.990,86	4.186,41	4.391,55
Pago Impuesto Beneficios	10.976,63	12.145,65	13.118,75	16.774,28	20.425,88
UMBRAL DE RENTABILIDAD	198.087,11	203.607,12	211.645,06	220.256,53	229.312,81

Elaboración propia

CUENTA DE RESULTADOS PREVISIONAL					
	AÑO 1	AÑO 2	AÑO 3	AÑO 4	AÑO 5
OPERACIONES CONTINUADAS					
Importe neto de la cifra de negocios	240.000,00	252.000,00	264.000,00	288.000,00	312.000,00
Realización de modelos BIM	144.000,00	151.200,00	158.400,00	172.800,00	187.200,00
Asesoramiento a empresas en las fases del proyecto	96.000,00	100.800,00	105.600,00	115.200,00	124.800,00
Gastos de Personal	144.630,96	150.867,41	157.511,59	162.044,67	166.713,74
Salarios brutos de los 2 socios	51.199,92	52.735,92	54.318,00	55.947,53	57.625,96
Salarios brutos de los 4 trabajadores	70.176,00	72.281,28	74.449,72	76.683,21	78.983,71
Cuotas RETA (2 socios)	2.202,24	4.165,82	6.408,96	6.408,96	6.408,96
Cuotas Seguridad Social	21.052,80	21.684,38	22.334,92	23.004,96	23.695,11
Otros gastos de explotación	36.198,78	35.987,33	36.407,99	36.830,85	37.566,46
Gastos de constitución de SLNE	310,00	-	-	-	-
Gastos del Plan de Marketing	319,95	-	-	-	-
Alquileres	5.400,00	5.508,00	5.618,16	5.730,52	5.845,13
Software informático	8.344,69	8.344,69	8.344,69	8.344,69	8.344,69
Hardware Informático	5.882,40	5.882,40	5.882,40	5.882,40	5.882,40
Servicios contratados	6.635,00	6.635,00	6.635,00	6.635,00	6.635,00
Colegios profesionales	754,76	754,76	754,76	754,76	754,76
Seguros multirriesgo empresarial y responsabilidad civil	1.900,00	1.900,00	1.900,00	1.900,00	1.900,00
Impuesto de Actividades Económicas	291,98	291,98	291,98	291,98	291,98
Agencia Española de Protección de Datos	150,00	150,00	150,00	150,00	150,00
Papelería y material de oficina	6.210,00	6.520,50	6.831,00	7.141,50	7.762,50
Amortización del inmovilizado	418,50	418,50	418,50	418,50	-
Amortizaciones de aplicaciones informáticas	418,50	418,50	418,50	418,50	-
RESULTADO DE EXPLOTACIÓN	58.751,76	64.726,76	69.661,92	88.705,98	107.719,80
Gastos financieros					
Por deudas con terceros (Préstamo)	980,00	802,29	615,87	420,32	215,19
RESULTADO FINANCIERO	980,00	802,29	615,87	420,32	215,19
RESULTADO ANTES DE IMPUESTOS	57.771,76	63.924,47	69.046,05	88.285,66	107.504,61
Impuestos sobre beneficios	10.976,63	12.145,65	13.118,75	16.774,28	20.425,88
RESULTADO DEL EJERCICIO	46.795,13	51.778,82	55.927,30	71.511,38	87.078,74

Distribución de resultados en el balance					
Dividendos	-	12.944,71	13.981,82	17.877,85	21.769,68
Reservas	46.795,13	38.834,12	41.945,47	53.633,54	65.309,05

Elaboración propia

BALANCE PREVISIONAL						
	AÑO 0	AÑO 1	AÑO 2	AÑO 3	AÑO 4	AÑO 5
ACTIVO						
ACTIVO NO CORRIENTE	0,00	1.255,50	837,00	418,50	0,00	0,00
Aplicaciones informáticas	0,00	1.255,50	837,00	418,50	0,00	0,00
ACTIVO CORRIENTE	23.000,00	64.912,89	100.361,07	138.734,18	188.599,80	249.517,31
Efectivo y otros activos líquidos equivalentes	23.000,00	64.912,89	100.361,07	138.734,18	188.599,80	249.517,31
TOTAL ACTIVO	23.000,00	66.168,39	101.198,07	139.152,68	188.599,80	249.517,31
PASIVO Y PATRIMONIO						
Capital	3.000,00	3.000,00	3.000,00	3.000,00	3.000,00	3.000,00
Reservas	0,00	0,00	46.795,13	85.629,24	127.574,72	181.208,26
Resultado del ejercicio		46.795,13	51.778,82	55.927,30	71.511,38	87.078,74
Pago de dividendos	0,00	0,00	-12.944,71	-13.981,82	-17.877,85	-21.769,68
FONDOS PROPIOS	3.000,00	49.795,13	88.629,24	130.574,72	184.208,26	249.517,31
Préstamos a largo plazo	16.373,27	12.568,82	8.577,96	4.391,55	0,00	0,00
PASIVO NO CORRIENTE	16.373,27	12.568,82	8.577,96	4.391,55	0,00	0,00
Préstamos a corto plazo	3.626,73	3.804,44	3.990,86	4.186,41	4.391,55	0,00
PASIVO CORRIENTE	3.626,73	3.804,44	3.990,86	4.186,41	4.391,55	0,00
TOTAL PASIVO Y PATRIMONIO	23.000,00	66.168,39	101.198,07	139.152,68	188.599,80	249.517,31

Elaboración propia

yes I want morebooks!

Buy your books fast and straightforward online - at one of the world's fastest growing online book stores! Environmentally sound due to Print-on-Demand technologies.

Buy your books online at

www.get-morebooks.com

¡Compre sus libros rápido y directo en internet, en una de las librerías en línea con mayor crecimiento en el mundo! Producción que protege el medio ambiente a través de las tecnologías de impresión bajo demanda.

Compre sus libros online en

www.morebooks.es

SIA OmniScriptum Publishing
Brivibas gatve 1 97
LV-103 9 Riga, Latvia
Telefax: +371 68620455

info@omniscriptum.com
www.omniscriptum.com

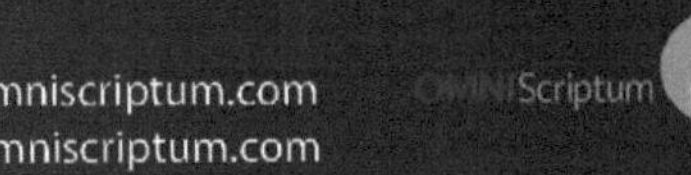

MIX
Papier aus verantwortungsvollen Quellen
Paper from responsible sources
FSC® C105338
FSC
www.fsc.org

Printed by Books on Demand GmbH, Norderstedt / Germany